• 수학의 역사 •

제1권

Fibonacci sequence & Golden ratio

피보나치 수열과 황금비

김진호 · 김인경 지음

KYOWOOSA 教友社

_시리즈 머리말

나는 4년 전부터 대구교육대학교에서 예비교사들을 대상으로 수학사 강좌를 운영 중이다. 처음 한 두 학기는 수학사와 관련된 단행본을 정해서 한 장 한 장 다루었었다. 그런데, 대다수의 수학사 관련 서적들이 그러하듯이, 내가 선정한 수학사 서적의 내용도 수학사보다는 수학문화사에 치우쳐 있고 실제 수학 그 자체에 대한 심도있는 논의는 생략되어 있음을 깨닫게 되었다. 지인과 함께 이 문제에 대해 논의하면서, 나는 그와 함께 수학이 있는 수학사 서적이 절실히 요구된다는 데 합의하였다. 이것이 본 시리즈를 기획하게 된 계기이다.

따라서 본 수학사 시리즈에서는 각 수학 주제가 발전되어 가는 과정을 밀도 있게 그려 나아가려고 한다. 예를 들어, '삼대작도 불능문제'를 예로 설명하면, 이 문제를 해결하기 위한 수학자들의 노력과 그 결과를 수학적으로 풀어 갈 것이다. 현재 본 수학사 시리즈를 통해서 다루고자 하는 주제는 '수 체계 및 연산기법의 발달', '삼대작도 불능 문제', '원주율 : 초월수', '마방진 & 성진', '1차 방정식 및 2차 방정식의 해법 발달사', '삼각형과 관련된 수학', '피타고라스와 수', '정다각형과 구적법' 등 다양하다. 각 주제 별로 단행본으로 집필 작업이 이루어질 것이며, 다양한 집필진이 참여할 예정이다. 본 시리즈의 수학 내용은 중·고등학교 수학을 이해한 사람이면 이해할 수 있도록 가급적 쉽게 풀어 쓰고자 한다. 독자의 이해를 돕는 데 도움이 될 것이라고 판단되면, 각주의 형태로 보충 설명을 해 둘 것이다.

많은 사람들이 수학은 어렵다고 생각한다. 물론, 수학을 이해하는 것은 쉽지 않다. 그러나 수학이 결코 이해 불가능한 대상은 아니다. 역설적이라고 들릴지 모르지만, 수학은 누구나 재미있게 학습할 수 있는 학문이다. 수학이란 학문만큼 인간의 지적 호기심을 자극하는 학문도 드물 것이다. 독자들은 수학을 이해한다는 것이 쉽지는 않지만 가능하다는 것을 본 시리즈물들을 통해서 경험하기 바란다.

시중에 많은 수학사 서적이 있음에도 불구하고 수학사 시리즈를 출판하고 싶다는 뜻을 전했을 때, 기꺼이 출판을 수락해 주신 교우사 오판근 사장님에게 감사의 마음을 전하고 싶다.

시리즈 편집자

김진호

_머리말

대부분의 사람들은 고등학교를 졸업하면 수학은 두 번 다시 볼일이 없는 것처럼 여기거나 두 번 다시 보고 싶어 하지 않는다. 또한, 일상생활에서 수학을 쓰거나 수학과 관련이 있는 일은 거의 없다고 생각한다. 이러한 상황들은 초등학교, 중학교, 고등학교를 거치면서, 대부분의 사람들이 수학은 어렵고 복잡하고 하기 힘든 과목이라고 생각하기 때문이다. 그래서 수학이 어떤 형상화된 모습으로 우리 일상생활에 나타나도 무시하고 싶은 마음이 더 크게 되는 것이다. 하지만 수학은 우리 주위에서 아주 평범하게, 아주 일상적으로 사용되고 나타나고 있음을 알면, 수학이란 우리와 동떨어져 있는 것이 아니라 아주 가까이에 있는 것임을 알게 될 것이다.

그러한 측면에서 이 책은 우리와 수학사이의 거리를 좀 더 좁혀주는 도구가 될 것이다. 우리가 학교에서 배우는 여러 가지 수학적인 내용들은 대부분 수학적 명제, 사실, 정의 등에 초점을 두고 있다. 이 책은 이러한 수학적 내용이 어디에서 시작되었고, 어떻게 발전되었고, 어떻게 적용되고 나타나고 있는지를 제시한다. 이 책을 통하여, 우리가 왜 그러한 수학적 내용을 교육과정에서 배우게 되었고, 우리 주위에 이러한 수학적 내용이 어떻게 제시되어 있는지를 파악하는데 도움이 될 것이다. 여러 가지 수학적 내용 중 우리가 살펴본 수학적 내용은 '피보나치 수열과 황금비'이다.

이 책 '피보나치 수열과 황금비'는 일상에서 지나칠 수 있는 우리 주변의 피보나치 수열과 피보나치수, 황금분할과 황금비에 대한 이야기를 담았다. 중·고등학교에서 주로 다루어지고 있는 내용들을 조금 더 상세히 재미있는 소재들로 풀어보았다. 제 I 장에서는 레오나르도 피보나치와 피보나치 수열을 소개하고, 제 II 장에서는 황금비와 황금분할에 관한 여러 가지 수학적인 내용을 살펴본다. 제 III 장에서는 황금비, 황금분할 그리고 그 속에 녹아있는 피보나치 수열과 피보나치수가 우리 주위에 어떤 모습으로 나타나고 있는지를 제시하였다. 제 IV 장은 피보나치 수열과 황금비를 여러 가지 정리와 성질의 증명을 통하여 제시하였다. 제 V 장에서는 피보나치 수열과 황금분할을 실제로 Excel을 이용해서도 살펴볼 수 있도록 하였다.

이 책은 일반적인 학교수학의 내용과 다른 관점을 원하거나 학교수학에 도움이 될 만한 책을 찾는 중고등학생뿐만 아니라 수학에 좀 더 관심을 가지려고 노력하는 사람에게 많은 도움이 될 것이다. 또한 이 책은 학생들에게 풍부한 예를 제시하고자 하는 교사에게도 도움이 되는 자료일 것이다.

이 책이 만들어지기까지 많은 지성들의 도움이 있었다. 그 중에서도 대구교대 수학교육과 학생들이 '수학사' 강의 중 보여 준 노력에 감사한다. 또한, 본문 작성 중 해결해야 할 지적 소유권 문제를 기꺼이 해결해 준 교우사 편집부에도 감사를 표하고 싶다.

2010년 1월

저자 일동

_차례

IV. 피보나치 수열과 황금비에 관한 수학적 정리

V. 피보나치 수열과 황금분할에 관한 Excel 활동

피보나치 수열과 황금비

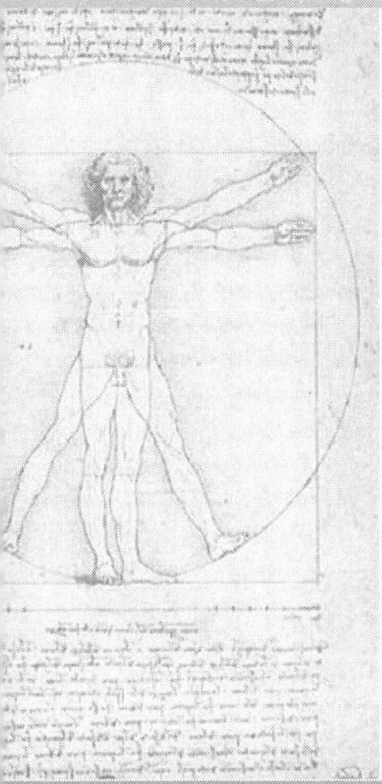

피보나치 수열과 황금비

Part I

피보나치 수열

레오나르도 피보나치 | 산반서 | 피보나치 수열

Fibonacci sequence & Golden ratio

피보나치 수열(Fibonacci sequence)은 고등학교 수학교과서에 실려 있어서 우리들에게 익숙한 수학 주제 중의 하나이다. 이 수열은 1, 1, 2, 3, 5, 8, ⋯, x, y, $x+y$, ⋯로 이루어진 점화수열로 여러 가지 독특한 성질을 가지고 있을 뿐만 아니라 식물의 잎·가지·줄기의 배열, 동물의 생식 등 자연 속에서 이 수들(Fibonacci numbers)을 찾아 볼 수 있다는 점에서 주목 받고 있다. 최근, 암세포의 증식이 피보나치 수열을 따른다는 연구보고도 있다. 이런 흥미로운 피보나치 수열이 최초로 수록된 책은 피보나치가 1202년에 간행한 〈산반서(算盤書), *Liber abaci*〉이다.

이 수열에 대해서 알아보기 전에 먼저, 피보나치는 누구이고 피보나치 수열에 관한 문제가 실려 있는 〈산반서〉에 대해서 알아보도록 하자.

레오나르도 피보나치(Leonardo Fibonacci)

지금도 자신의 전기(傳記)를 남기는 사람은 많지 않듯이, 예전 사람들도 특히 뛰어난 업적을 남긴 사람이라 하더라도 자신의 일생을 기록으로 남겨 놓지 않았다. 그런 이유에서인지 피보나치의 출생이 정확하게 언제인지 알 수 없다. 그러나 알려진 바에 따르면, 그는 대략 1170년대 이탈리아의 피사에서 태어났다. 천재적인 화가이자 과학자로 잘 알려져 있는 레오나르도 다빈치(Leonardo da Vinci, 1452년~1519년)와 이름이 같아서, 후대 사람들은 그를 피사의 레오나르도(Leonardo Pisano)라고 불렀다. 이로부터, 우리는 그가 생애에 보여준 업적이 레오나르드 다빈치의 업적에 견줄 만큼 혁혁(赫赫)했음을 알 수 있다.

레오나르도 피보나치는 〈산반서〉에서 수학에서 가장 뛰어난 발견 중 하나로 인정되고 있는 0 및 10진법을 활용한 인도-아라비아 계산알고리즘을 유럽에 최초로 소개하였다. 그가 살던 중세는 암흑기라고 부를 만큼 새로운 수학 지식이 발달하지 않던 시기로 사칙연산은 로마 셈법을 그대로 사용하고 있었다. 수학자들이 이 시기에 사용하던 나눗셈법을 보고 '어떻게 이런 방식으로 계산을 할 수 있었을까?'라며 의문을 제기할 정도로 계산이 난해하였다. 그럼에도 불구하고, 로마 셈법이 보편적으로 사용되던 시기에 이런 새로운 형식의 수 체계 및 계산법의 가치를 깨닫고 전파한 것은 의미 있는 지적 활동으로 분명히 그의 업적으로 인정해야 한다. 사실 이런 지적 행위를 하기는 쉽지 않다. 다수가 익숙하지 않은 새로운 것을 도입하는 것은 말처럼 쉽지 않다. 우리는 이런 것을 코페르니쿠스적 전환이라고 한다. 그는 옳은 것을 옳다고 말하고 그른 것을 그르다고 말하고, 자신의 판단에 따라서 실천하는 지성인이었다.

피보나치는 〈산반서〉 이외에도 〈실용기하학*Practica geometriae*〉, 〈제곱근서*Liber quadratorum*〉, 그리고 〈수론*Fros*〉를 저술하였다. 그는 〈실용기하학〉에서 에우클레이데스의 〈기하학 원본*Elements*〉과 〈나눗셈에 관하여*On Divisions*〉를 기초로 한 정리에 대하여 8장에 걸쳐 정리하고 있다. 헤론의 공식을 독특한 방법으로 증명하고 있으며, 피타고라스 정리의 3차원공간의 확대 등의 내용이 소개되어 있다. 또한 그는 이 책에서 삼각법에 대해서도 다루고 있다. 〈제곱근서〉에서는 제곱근의 값을 소수점 아래 9자리까지 정확하게 구하는 방법을 소개하고 있다. 〈수론〉은 디오판토스식의 부정문제와 아라비아나 중국계 방정식을 다루고 있다.

피보나치가 이처럼 후대 사람들에게도 지속적으로 회자되는 책을 출판하게 된 것은 그의 지적 재능에 있다. 대부분의 지적 거인들은 이런 자신만의 업적을 남기기 전에 진공청소기처럼 관련 지식을 자신의 것으로 이해하고 축적하는 시기를 갖는다. 지적 재능과 축적된 지식이 자신만의 고유한 업적을 낼 수 있다.

산반서

레오나르도는 13세기가 막 시작될 무렵부터 자신이 습득한 새롭고 풍부한 수학에 대한 지식을 바탕으로 자신만의 아이디어가 담긴 저작을 남기기 시작했다. 1202년 손으로 쓴 '주판에 관한 책'을 피사에서 발표했다. 이 책은 다르게 말해서 '셈을 하는 판자에 대한 책'인데, 이것이 바로 〈산반서〉이다. 이 책은 인도–아라비아 수 체계의 도입과 그것을 어떻게 사용하는 지에 대한 설명을 중세유럽에 전해주었다는 측면에서 중요하다. 그리하여, 유럽에 미친 영향력이 컸던 것으로 평가되고 있다. 해마다 그의 수학적 지식은 더해갔고, 1228년에 〈산반서〉의 새로운 버전을 다시 발행했다. 그리고 새로 발행된 이 버전이 우리에게 전해졌다.

〈산반서〉는 산술을 주판 없이도 가능하게 했고, 독립적인 분야를 만들었다. 이 책은 모두 15개의 장으로 이루어져 있으며, 약 400개에 달하는 문제를 수사적으로 소개하고 있다. 처음 7개의 장에서는 새로운 수 체계를 다루고 있다. 정수와 유리수는 무엇이고, 어떻게 이 수를 산술적 연산에서 사용하는지 등을 설명하고 있다. 그리고 수를 전문 분야인 물물교환, 무게나 길이의 변환, 환전, 조합 영업, 이자 같은 실제적인 문제에 적용하고 있다. 이 책의 나머지 장은 급수와 비례, 아라비아의 '거짓 명제의 해법'에 대한 문제풀기, 근 구하기, 기하학과 대수학에 관련된 문제로 구성되어 있다.

구체적으로 살펴보면, 1장은 인도-아라비아 숫자의 읽고 쓰는 법, 2장은 정수의 곱셈, 3장은 정수의 덧셈, 4장은 정수의 뺄셈, 5장은 정수의 나눗셈, 6장은 정수와 분수의 곱셈, 7장은 분수와 그 외의 계산, 8장은 비례, 9장은 환전, 10장은 합자산, 11장은 혼합산, 12장은 문제의 해법으로 여기에 제시된 재미있는 문제가 바로 '피보나치 수열'이고, 13장은 가정법, 14장은 제곱근과 세제곱근, 15장은 기하와 대수를 다루고 있다. 15장에서는 일차와 이차 방정식의 풀이 등을 다루었다.

12장에서 제시된 피보나치 수열은 1870년대 프랑스의 수학자 루카스(Lucas. E.)가 이름을 붙였다. 오늘날 이 수열은 자연계에서 뿐만 아니라, 과학과 건축, 예술에 이르기까지 아름답거나 질서정연한 어떤 형식이 있는 곳이면 빠지지 않고 등장한다.

피보나치 수열

이제 피보나치 수열에 대해 살펴보자. 〈산반서〉에 소개된 피보나치 수열에 관한 문제는 다음과 같다.

> 갓 태어난 암수 한 쌍의 토끼가 있다. 이 토끼는 태어나서 1개월만 지나면 성장해서 어미가 되고, 그 다음 달부터 매달 암수 한 쌍의 토끼를 낳는다. 태어난 한 쌍의 토끼는 생후 2개월이면 마찬가지로 매달 한 쌍의 토끼를 낳는다고 한다. 이와 같이 계속될 때, 12개월 후 토끼는 몇 쌍이 되겠는가?

실제로 토끼들이 이렇게 출산을 하는 것은 아니다. 토끼는 출생 후 6개월이 되면 성숙한 개체로 분류되며, 암토끼는 생후 3~4개월이면 성적으로 성숙하여 임신은 가능하지만, 이때 임신하면 미숙토끼가 태어날 가능성이 높으며, 생후 7개월 이상 되어야 정상적인 출산이 가능하다.

따라서 이 문제는 다음과 같은 암묵적 조건이 있다. 첫째, 매달 새로 태어난 모든 한 쌍의 토끼는 두 달째 생식 능력이 생긴다. 둘째, 각 쌍의 토끼는 두 달째부터 매달 암수 한 쌍씩 낳는다. 셋째, 모든 토끼는 영원히 산다. 이 조건에 따라 문제를 해석하면 〈그림 1〉과 같은 토끼의 쌍을 얻을 수 있다. 이것을 표로 나타내면 〈표 1〉과 같다. 피보나치의 〈산반서〉에는 이 문제에 관한 풀이 방법을 제시되어 있지 않고, 1년이면 377쌍의 토끼가 있다고 진술되어 있다. 그 이후에 수학자들이 이 수열의 앞에 0을 첨부하여, 0에서 시작하여 앞의 두 수를 더해 만들어 나가는 수열을 피보나치 수열이라고 부른다.

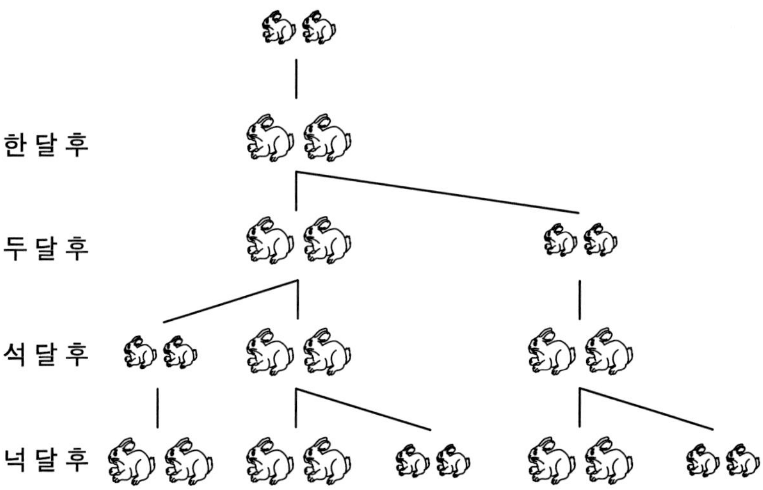

〈그림 1〉 피보나치 수열에 따른 토끼 쌍

〈표 17〉 토끼 쌍의 월별 성장표

달	새끼 토끼 쌍의 수	어미 토끼 쌍의 수	전체 토끼 쌍의 수
0개월	1	0	1
1개월	0	1	1
2개월	1	1	2
3개월	1	1 + 1	3
4개월	2	1 + 2	5
5개월	3	2 + 3	8
6개월	5	3 + 5	13
7개월	8	5 + 8	21
8개월	13	8 + 13	34
9개월	21	13 + 21	55
10개월	34	21 + 34	89
11개월	55	34 + 55	144
12개월	89	55 + 89	233
13개월	144	89 + 144	377

자세히 설명하면, 첫 새끼 토끼 한 쌍이 한 달 후에 어미 토끼 한 쌍이 된다. 둘째 달이 되어, 이 어미 토끼 한 쌍이 새끼를 낳아서, 아기 토끼 한 쌍과 어미 토끼 한 쌍이 있게 된다. 즉 둘째 달에 2쌍의 토끼가 있게 된다. 물론 처음의 한 쌍은 다음 달에도 출산을 한다. 그래서 3개월째에는 새끼 토끼 한 쌍과 어미 토끼 두쌍(지난 달 새끼 토끼 한 쌍과 처음 토끼 한 쌍)이 있어서 전체 토끼 쌍은 3쌍이 된다. 4개월째, 그 중 어미 토끼 2쌍이 출산하여 새끼 토끼 쌍 2쌍이 추가되어 5쌍이 된다. 이 과정을 반복해가면 최종적으로 마지막 달인 12개월이 지나면 144쌍이 추가되어 총 377쌍의 토끼를 얻게 된다.

이를 수열로 표현하면 각각의 항은 앞의 두 항의 합과 같은 수열이 나타난다.

$$F_1, F_2, F_3, \cdots, F_n \quad \cdots \quad ①$$

$$F_1 = 1,\ F_2 = 1$$

$$F_n = F_{n-1} + F_{n-2},\ \ n \geq 3 \quad \cdots \quad ②$$ [1)]

하지만 조건 ②에 의해 수열 ①의 모든 항을 계산할 수 없다.[2)] 그러므로 처음에 두 항을 정하여 나머지 모든 항을 구할

1) 각 항이 앞 항들의 함수로 정의되어 있는 수열들을 회귀수열(점화수열)이라 하며, 이렇게 수열의 원소들을 연속적으로 정의하는 과정을 회귀과정이라 한다. 그리고 식 ②를 회귀관계식이라고 한다.

수 있게 수열을 정의해야 한다. 이렇게 수열 ①의 무한개의 항을 계산할 수 있다.

$F_1 = 1$, $F_2 = 1$인 수열 ①의 경우는 조건 ②에 의해 이 급수의 연속적인 항을 계산할 수 있다. 이러한 경우 14번째 항까지의 수는 위의 토끼 쌍 문제에서 나타난 숫자들이 계산된다.

$$1, 1, 2, 3, 5, 8, 13, 21, 34, 55, 89, 144, 233, 377.$$

피보나치 수열은 F_n으로 표시한다. 이 F는 피보나치(Fibonacci)의 첫 글자를 따온 것이다. 그리하여, $F_1 = 1$, $F_2 = 1$인 수열 ①을 피보나치 수열로 정의하고, 각 항들을 피보나치수로 명명한다.

또 다른 정의는 앞에서 정의한 피보나치 수열에 첫 번째 수가 0이고, 두 번째 수부터 1로 시작하는 수열이다. 이 수열은 0, 1, 1, 2, 3, 5, 8, …의 값으로 정의할 수 있다. 이를 수식으로 나타내면 피보나치 수열을 다음과 같이 정의할 수도 있다.

$$F_n = \begin{cases} 0 & \text{if } n = 0 \\ 1 & \text{if } n = 1 \\ F_{n-1} + F_{n-2} & \text{if } n > 1 \end{cases}$$

2) 수열 ①의 모든 항의 앞에 2개의 전항이 존재하지는 않는다. 수열의 1번째 항은 그 앞의 두 항이 존재하지 않고, 2번째 항은 바로 앞의 한 항밖에 존재하지 않는다. 그러므로 수열을 정의하려면 조건 ②와 함께 수열의 처음 두 항을 정해야 한다.

$$F_0 = 0,\ F_1 = 1$$

$$F_n = F_{n-1} + F_{n-2},\ \ n \geq 2 \qquad \cdots ②$$

그리고 이렇게 얻어진 피보나치 수열 F_n의 피보나치수는 다음 〈표 2〉와 같다.

〈표 18〉 피보나치수

F_0	F_1	F_2	F_3	F_4	F_5	F_6	F_7	F_8	F_9	F_{10}	F_{11}	F_{12}	F_{13}	…
0	1	1	2	3	5	8	13	21	34	55	89	144	377	…

〈표 2〉를 살펴보면 규칙을 발견할 수 있다. 1번째 수에 2번째 수를 더하면 3번째 수가 된다. 즉 0+1은 1이 된다. 2번째 수에 3번째 수를 더하면 4번째 수가 된다. 즉 1+1은 2가 된다, 3번째 수에 4번째 수를 더하면 1+2로 5번째 수가 된다. 이러한 방법으로 11번째 수인 144와 12번째 수인 233을 더하면 13번째 수인 377을 구할 수 있다.

또 피보나치 수열에 대한 일반항은 아래와 같은 수식으로 표현할 수 있다.

$$F_n = \frac{1}{\sqrt{5}}\left[\left(\frac{1+\sqrt{5}}{2}\right)^n - \left(\frac{1-\sqrt{5}}{2}\right)^n\right]$$

피보나치 수열은 정수로만 되어 있는데, 피보나치 수열의 각 항의 값을 계산하는 일반항을 구하는 식에 사용된 숫자가

$\frac{1+\sqrt{5}}{2}$와 $\frac{1-\sqrt{5}}{2}$로 무리수라는 점이 우리의 관심을 끈다. 위와 같은 일반항을 유도해내기 위한 몇 가지 방법이 있다. 공통적인 것은 점화식 $F_{n+2}=F_{n+1}+F_n$과 비슷한 모양인 이차 방정식 $x^2=x+1$의 근을 구하는 것이다. 이 외에도 피보나치 수열에 대한 일반항을 구하는 방법은 여러 가지가 있다. 이에 대해서는 IV장에서 자세히 다룬다.

피보나치 수열과 황금비

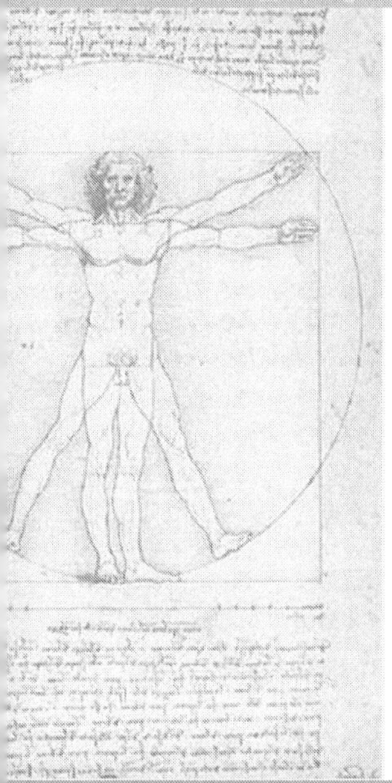

피보나치 수열과 황금비

Part II

황금분할

황금비의 어원과 유래 | 황금분할의 정의
파이(ϕ)의 특성 | 황금분할의 작도 방법
황금분할용 컴퍼스 | 황금분할과 정다각형
황금나선 | 황금직육면체

황금비의 어원과 유래

피보나치 수열을 다루면서 황금비를 다루지 않을 수 없다. 오늘날 황금비와 피보나치수는 실과 바늘처럼 서로 불가분의 관계에 있다. 황금비를 다룰 때나 피보나치수를 다룰 때 반드시 다른 하나를 다루는 것이 보통이다. 그렇지만 처음부터 피보나치수와 황금비가 관련이 있음을 인식하였던 것은 아니다.

피보나치수와 황금비가 왜 관계가 있는지는 다음 수식을 참고하면 알 수 있다. 피보나치 수열에서 연달아 나오는 두 개의 피보나치수 중 앞의 수를 뒤의 수로 나누어보자. 그러면 그 값들은 황금비에 가까워진다. 그리고 피보나치수가 커짐에 따라 그 분수 값은 황금비에 무한히 가까이 다가간다. 즉, 피보나치 수열 0, 1, 1, 2, 3, 5, 8, 13, 21, 34, 55, 89, 144, … 에서 연속한 두 항의 비를 구해 보면 다음과 같다.

$$\frac{1}{1}=1,$$

$$\frac{1}{2}=0.5,$$

$$\frac{2}{3}=0.666\cdots,$$

$$\frac{3}{5}=0.6,$$

$$\frac{5}{8}=0.625,$$

$$\frac{8}{13}=0.615\cdots,$$

$$\frac{13}{21}=0.619\cdots,$$

$$\frac{21}{34}=0.6176,$$

$$\frac{34}{55}=0.618,$$

$$\frac{55}{89}=0.6179\cdots,$$

$$\frac{89}{144}=0.6180\cdots,$$

$$\cdots$$

$$\frac{\sqrt{5}-1}{2}$$

이것을 그래프로 나타내면 다음과 같다.

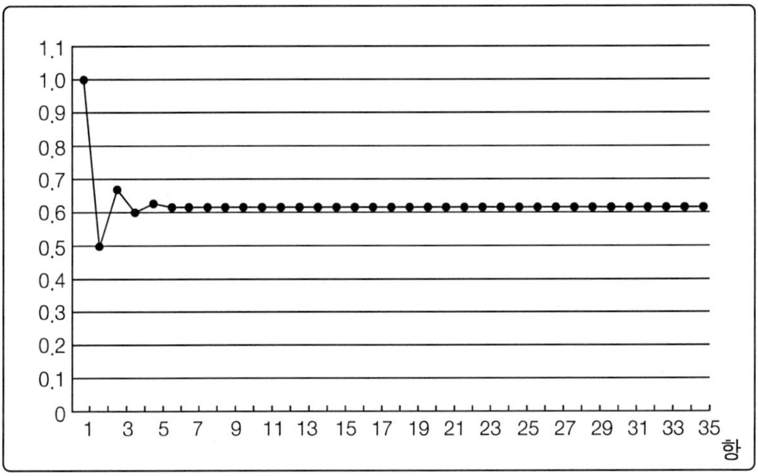

〈그림 2-1〉 일련의 연속하는 피보나치수의 비의 값

위의 그래프로부터 두 가지 사실을 알 수 있다. 한 가지는 비의 값이 작아졌다 커졌다 한다는 점이다. 그리고 다른 한 가지는 그러면서 지속적으로 특정한 값(황금비)에 근접해 하고 있다는 점이다. 즉, 일련의 연속적인 피보나치수로 이루어진 비는 황금비(1.61803398···)로 수렴한다.

황금비가 언제 처음으로 도입되어 사용되었느냐는 학자들마다 의견이 분분하다. 학자들이 주장하는 최초의 황금비 사용에 관해 시대순으로 살펴보면 다음과 같다.

현존하는 유적 중에 황금비에 대한 기록을 담고 있는 유적은 기원전 1650년경에 만들어진 〈린드파피루스〉이다. 이에 따르면, 기원전 4700년경에 피라미드를 건설할 때 '신성한 비율'을 사용했다고 기록되어 있다. 여기서 말하는 '신성한 비율'이 우리가 현재 황금비라고 부르는 것이다. 현대의 측량 기술로 측정해 보니 피라미드 밑의 중심에서 밑의 모서리까지, 그리고 경사면까지 거의 정확하게 0.618이었다고 한다(Ⅲ장 3절 참조). 이때 '신성한 비율'을 활용한 건축물이 존재하는 것으로 보아 이 비율에 대한 이해는 그 이전부터 일 수 있음을 추측해 볼 수 있다.

고대 그리스의 피타고라스(Pythagoras, 기원전 582년경~기원전 497년경)를 중심으로 한 피타고라스학파의 휘장인 펜타그램(pentagram)에서 황금비를 찾아 볼 수 있다(〈그림 2-2〉 참조; 또한 II장 6절 참조).

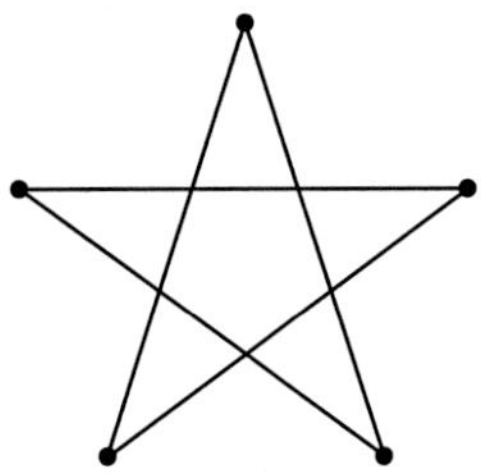

〈그림 2-2〉 펜타그램

이들은 펜타그램의 각 꼭짓점에 물, 불, 지구, 공기, 아이디어(신성한 것)을 지정하여 우주의 가장 기본 구성 물질을 표현하였다. 또한, 피타고라스학파의 일원인 히파수스(Hippachus, 기원전

192년~기원전 120년)는 펜타그램을 연구하다가 정오각형의 대각선과 한 변의 비가 자연수가 아니라는 점을 발견하였다. 피타고라스학파는 '만물은 수(자연수)이다'는 사상을 갖고 세상을 연구하였는데, 자연수로 표시할 수 없는 대상이 나타난 것이다. 이에 피타고라스학파는 펜타그램이 신비스러운 힘과 지위를 가지고 있다고 믿으면서 자신들의 휘장으로 삼게 된다. 그들은 이것으로 구성원 사이의 형제애와 건강의 상징으로 삼는다. 하지만, 이 당시에도 이것을 표현하는 간명한 명칭은 없었다.

그 다음에 문서상으로 나타난 것은 기원전 4세기 유클리드(Euclid, 기원전 580년경~기원전 500년경)의 〈원론*Elements*〉 제2권 정리 11이다. 이에 대해서는 II장 2절 '황금분할의 정의'에서 자세히 살펴 볼 것이다. 어째든, 이때까지도 황금비라는 용어는 존재하지 않았다.

이 황금비는 그 이후 중세까지 외부에 공개되지 않았다. 하지만 석공이나 화가 등 사원을 건축한 장인들 사이에서 '아름다운 모양을 규정하는 비율'이라고 하여 비밀리에 전해져 내려왔다. 드디어, 특별한 가치가 부여된 것은 중세시대인 13세기이전 수도사들간에 '신성한 비례'라는 말로 구전된 때부터인 듯하다. 이것이 기록에 나타난 것은 르네상스시대 프란체스코회의 수도사이면서 수학자인 루카 파치올리(Luca Pacioli, 약 1445년~1509년)가 1498년에 편찬한 〈신성한 비례에 관하여*De Divina Proportion*〉이다.

여기서 '신성한(Devina) 비례'라는 이름이 언급된다. 이 책은 현재 손으로 쓴 2권이 남아 있는데 제8장에서 구체적으로 다음과 같이 씌어 있다. "이것을 '신성한'이라고 부르는 것은 이 비례가 수리적으로 나누어지지 않기 때문에 말로는 한정하기 어렵고, 그 자신으로서 존재하며, 신과 같이 유일하며, 신의에 의해 하늘에 주어진 것이기 때문"이라는 것이다. 또한 이 책은 다빈치가 삽화(〈그림 2-4〉, 〈그림 2-5〉)를 그려준 것으로도 알려져 있다. 레오나르도 다빈치(Leonardo da Vinci, 1452년~1519년)는 황금분할을 즐겨 사용했다. 그러므로 레오나르도가 그림에 묘사된 형상들에 황금분할을 도입한 것은 결코 놀랄만한 일이 아니다(〈그림 2-3〉 참조).

그 이후 황금비에 대하여 언급한 대표적인 사람으로 천문학자인 케플러(Johannes Kepler, 1571년~1630년)가 있다. 그의 스승인 University of Tübingen의 미하엘 매스틀린(Michael Maestlin, 1550년~1631년)은 1597년에 케플러에게 보낸 한 편지에서 황금비의 값이 약 0.6180340이라고 적었다. 케플러는 황금비가 연속하는 피보나치수의 비의 극한임을 증명하였고, 황금비를 "소중한 보석(*a precious gem*)"이라고 하였는데 "기하학은 두 개의 훌륭한 보물을 가지고 있다. 하나는 피타고라스 정리이고 다른 하나는 선분의 극단적인 동시에 중심적인 분할 비율(오늘날 황금비에 해당)이다. 전자가 한 냥의 금이라면 후자는 하나의 소중한 보석이라고 부를 만하다."[1]라고 말하였다.

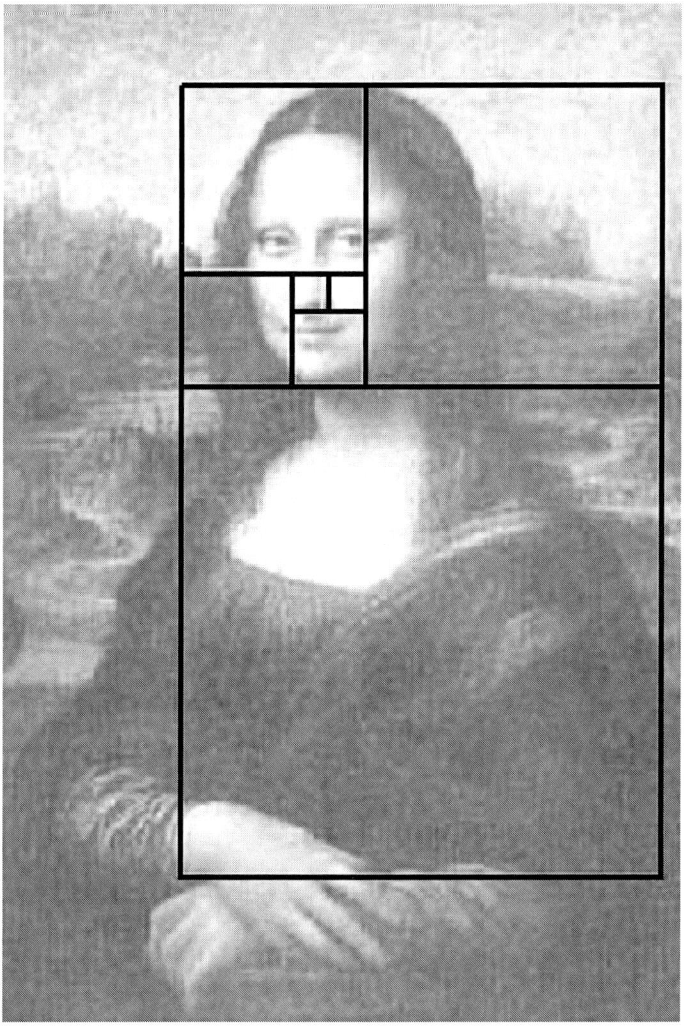

〈그림 2-3〉 모나리자와 황금비

1) James Joseph Tattersall (2005). Elementary number theory in nine chapters(2nd ed.). Cambridge University Press.

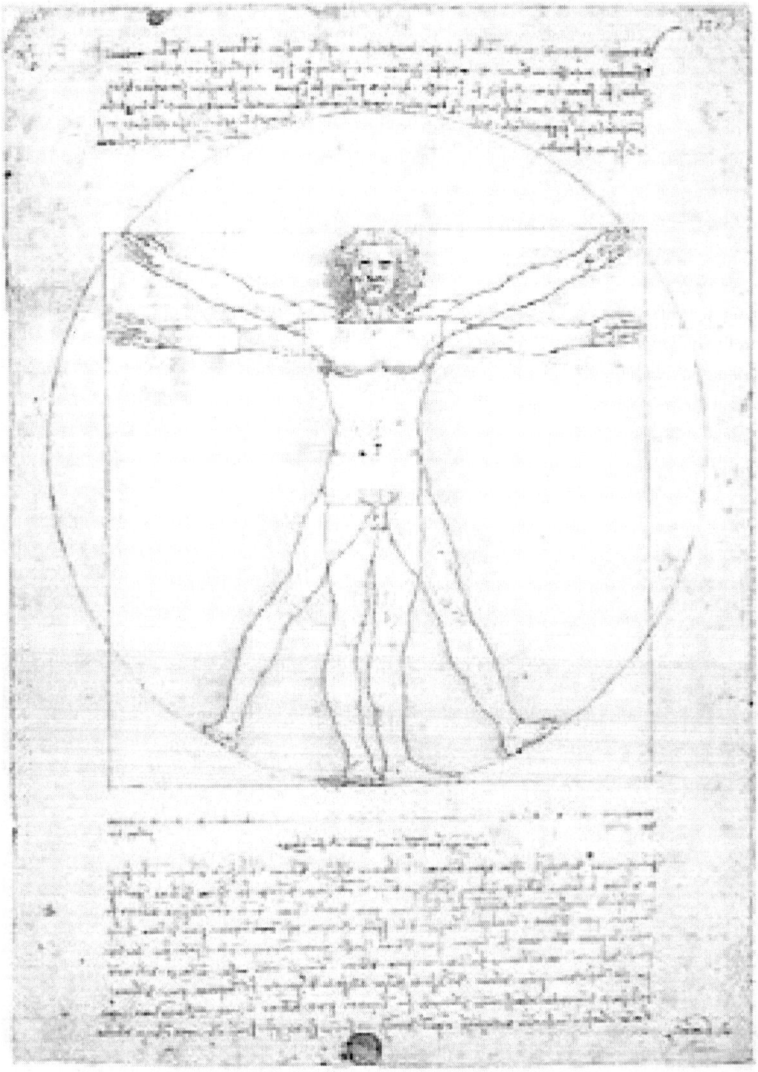

〈그림 2-4〉비트루비안 맨

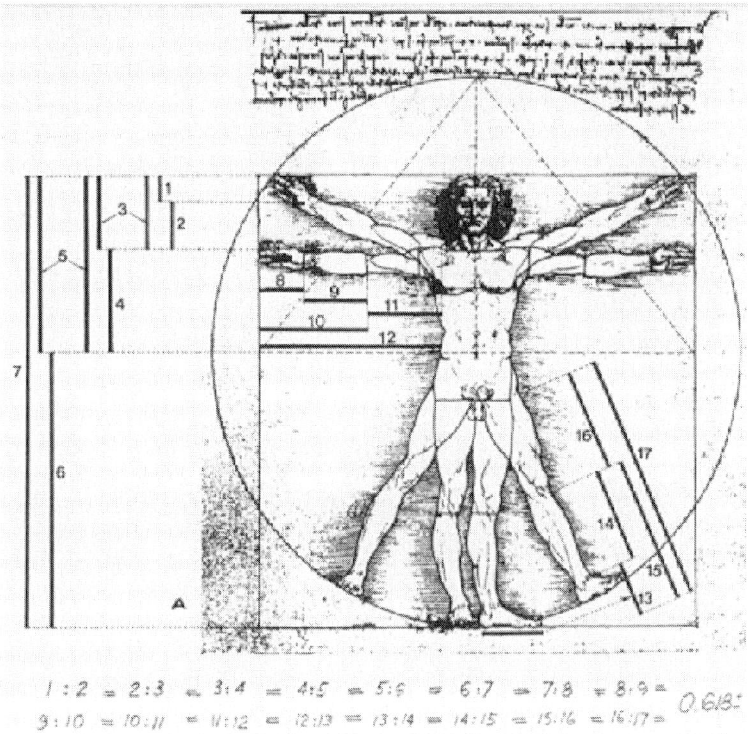

〈그림 2-5〉비트루비안 맨의 황금비

문서상으로, 지수표현법을 개발한 마틴 옴(Martin Ohm, 1792년~1872년)이 자신의 저서 '순수기초수학(1835)'에서 '황금분할'이라는 용어를 처음 사용한 것으로 인정받고 있다.

기호 황금비란 용어만 사용하지 않았을 뿐 이미 고대 그리스 시대부터 이 개념은 실생활에 널리 활용되고 있었다. 특히, 이 황금비는 신비로움과 함께 안정감을 주는 비로 인식되어 있었다. 그래서 고대 그리스에서 중세까지 지어진 많은 건축물과 조각상에서 황금비를 찾아 볼 수 있다. 대표적으로, 고대 그리스의 페이디아스(Phidias, 그리스어로 Φειδίας, 기원전 480년~기원전 430년)의 작품인 파르테논 신전과 그 안에 있는 조각상들, 올림피아의 제우스신상 등에서 황금비를 찾아 볼 수 있다. 황금비를 표현하는 기호인 ϕ는 그의 이름에서 따온 것이다.

황금분할의 정의

유클리드의 정의 (1) 우리가 사용하는 황금비는 사실 황금분할에서 비의 값을 의미한다. 이 황금분할에 대한 기록이 남아있는 최고(最古)의 문서는 유클리드의 〈원론〉 제2권의 정리 11번으로 내용은 다음과 같다.

> 주어진 선분을 둘로 나누어 그 중 하나를 한 변으로 하고 전체 선분을 다른 한 변으로 하는 직사각형의 넓이와 다른 하나를 한 변으로 하는 정사각형의 넓이가 같도록 한다.

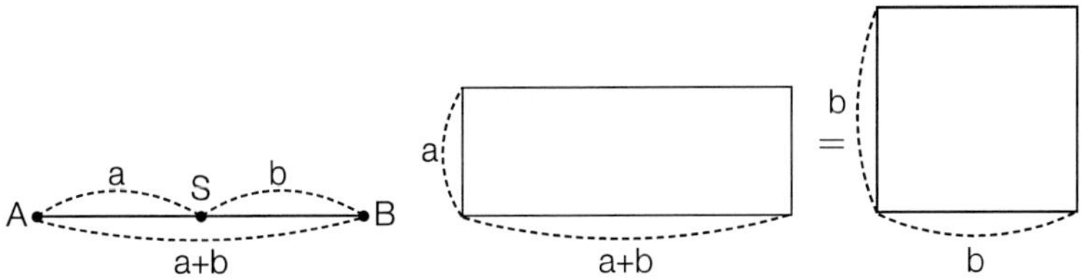

〈그림 2-6〉 유클리드의 원론 제2권 정리 11의 기하표현

여기서 이 문제가 성립하도록 한 선분을 둘로 나눈 것을 황금분할이라고 한다. 이를 일반적으로 다음과 같이 정의할 수 있다.

$\overline{AB}$를 선분 위의 점 S에서 둘로 나누어, 전체의 길이와 긴 선분의 길이의 비가 긴 선분의 길이와 짧은 선분의 길이의 비와 같을 때, S는 $\overline{AB}$를 황금분할로 나눈다고 한다.

이를 비례식으로 표현하면 다음과 같다.

$$\overline{AB} : \overline{AS} = \overline{AS} : \overline{BS}$$

$$a+b : a = a : b$$

$$a^2 = b(a+b)$$

$$a^2 = ab + b^2 \qquad (\text{양변에 } \div ab\text{를 하여})$$

$$\frac{a}{b} = 1 + \frac{b}{a}$$

$\frac{a}{b} = t$ 라 두면,

$$t = 1 + \frac{1}{t} \qquad \text{(양변에 } \times t \text{를 하여)}$$

$$t^2 - t - 1 = 0$$

$$t = \frac{1 \pm \sqrt{5}}{2}$$

$t(=\frac{a}{b})$는 길이이기 때문에 0보다 크므로,

$$t = \frac{1 + \sqrt{5}}{2} = 1.618 \cdots$$

이 때, 상수 $\frac{1+\sqrt{5}}{2}$를 보통 ϕ(phi, 파이)로 나타낸다. 사실, 주어진 $\overline{AB}$를 둘로 나눌 때, 긴 선분이 $\overline{AS}$일 수도 있고, $\overline{BS}$일 수도 있다. 이 두 가지 경우 중에서 별다른 언급이 없을 때는 선분을 나누는 점 S가 B쪽에 더 가까이 있는 것으로 가정한다. 그러면 $\overline{AS}$가 더 긴 쪽이 된다. 그리하여 앞에서 다루었던 결과를 얻게 되는 것이다.

〈그림 2-7〉 황금분할점의 두 위치

유클리드 〈원론〉 제2권 정리 11의 해결과정과 결론은 한 선분을 위의 조건을 만족하는 2개의 선분으로 분할하는 황금분할을 작도하는 것과 같음을 알 수 있다. 또한, 이 값은 황금분할인지 확인하기 위해서도 사용할 수 있다. 한 $\overline{AB}$에 점 S를 두어 a와 b로 나누었을 때,

$$\frac{a}{b}=\frac{1+\sqrt{5}}{2}$$

이 성립하면 한 선분을 둘로 나눈 '점 S는 $\overline{AB}$를 황금분할한다.'고 한다. 이 식의 도움으로 주어진 점이 선분을 황금분할하는지 여부를 시험해 볼 수 있다.

$$\frac{1+\sqrt{5}}{2}\approx 1.618033988749\cdots$$

이므로 구체적인 경우에 긴 선분의 길이를 짧은 선분의 길이로 나눈 값이 약 1.618이 되는지 간단히 확인해 보면 되는 것이다.

유클리드의 정의 (2) 유클리드의 〈원론〉 2권 정리 11은 황금분할에 대한 넓이 개념을 활용한 기하적 접근이다. 반면에, 유클리드의 〈원론〉 제6권 정리 30에서 유클리드는 비례를 이용하여 황금분할을 정의하고 있다.

주어진 한 직선을 평균비(mean ratio)와 극대비(extreme ratio)

로 나누는 방법 즉, 주어진 선분에서 황금분할점 C를 찾는 방법을 언급하고 있다. 유클리드가 사용한 이 용어의 의미는 주어진 $\overline{AB}$에서 작은 부분 즉 $\overline{BC}$와 긴 부분 즉 $\overline{AC}$의 비는 긴 $\overline{AC}$와 전체 $\overline{AB}$와의 비와 같다는 것이다(〈그림 2-8〉 참조).

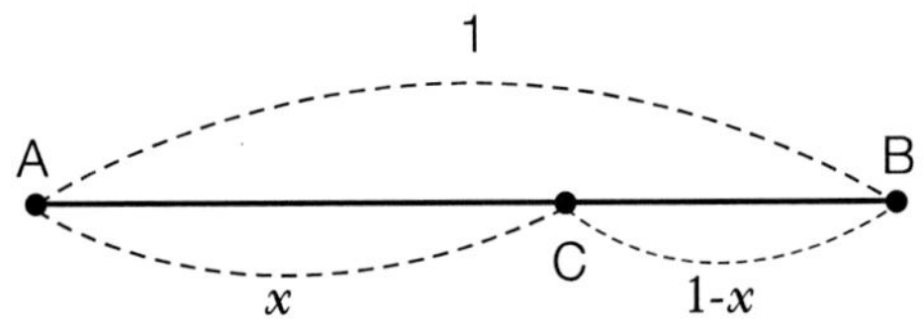

〈그림 2-8〉 비례를 이용한 황금분할점 C 찾기

위의 진술을 정리하면 다음과 같다.

$$\frac{\overline{BC}}{\overline{AC}}=\frac{\overline{AC}}{\overline{AB}}$$

$\overline{AB}$의 길이를 1로 두고, $\overline{AC}=x$, $\overline{BC}=1-x$로 두면, 다음과 같은 식을 얻는다.

$$\frac{1-x}{x}=\frac{x}{1}$$

이 식을 정리하면 다음과 같다.

$$x^2=1-x$$

$$x^2+x-1=0$$

$$\therefore \ x = \frac{-1 \pm \sqrt{5}}{2}$$

에서 x는 길이의 값이므로, 양의 근을 택하면 $\frac{-1+\sqrt{5}}{2}$이다. 따라서 전체 선분의 길이와 $\overline{\mathrm{AC}}$의 길이의 비의 값은

$$\frac{1}{x} = \frac{2}{-1+\sqrt{5}} = \frac{2(1+\sqrt{5})}{(-1+\sqrt{5})(1+\sqrt{5})} = \frac{1+\sqrt{5}}{2} = \phi$$

이다. 이와 같은 분할 역시 황금분할이라고 하고, 이때의 비의 값이 황금비의 값이 된다.

제곱, 무리수 및 역수를 이용한 정의 위의 두 정의에서 알 수 있듯이, ϕ는 $\phi^2 - \phi - 1 = 0$에서 구할 수 있으므로, 제곱한 값이 자신에 1을 더한 수와 같은 수 ($\phi^2 = \phi + 1$)로 정의할 수 있다. 이 식으로부터 $\phi = \sqrt{\phi + 1}$을 얻을 수 있다. 즉, ϕ는 $1+\phi$의 제곱근으로 정의할 수 있다. 한편, $\phi^2 = \phi + 1$의 양변을 ϕ로 나누어 $\phi = 1 + \frac{1}{\phi}$을 얻을 수 있다. 즉, 자신의 역수에 1을 더한 수가 자신과 같은 수를 ϕ로 정의할 수 있다(자세한 내용은 IV장 2절 참조).

파이(ϕ)의 특성

연분수를 이용한 ϕ의 식 위의 황금비(ϕ)에 대한 정의 중 역수를 이용한 정의($\phi=1+\frac{1}{\phi}$)를 다시 한 번 살펴보기로 하자. 황금비 ϕ는 $1+\frac{1}{\phi}$과 같기 때문에, ϕ자리에 $1+\frac{1}{\phi}$를 대입할 수 있다. 즉, $\phi=1+\cfrac{1}{1+\cfrac{1}{\phi}}$이고, 계속적으로 반복하면 다음과 같은 식을 얻을 수 있다.

$$\phi=1+\cfrac{1}{1+\cfrac{1}{1+\cfrac{1}{1+\cfrac{1}{1+\cfrac{1}{\vdots}}}}}$$

무리수를 이용한 ϕ의 식 위의 황금비(ϕ)에 대한 정의 중 제곱근을 이용한 정의($\phi=\sqrt{\phi+1}$)를 다시 한 번 살펴보기로 하자. 황금비 ϕ는 $\sqrt{\phi+1}$과 같기 때문에, ϕ자리에 $\sqrt{\phi+1}$를 대입할 수 있다. 따라서 $\phi=\sqrt{1+\sqrt{1+\phi}}$로 표현할 수 있고,

이를 반복하면 다음의 무리수로 정의할 수 있다.

$$\phi = \sqrt{1+\sqrt{1+\sqrt{1+\sqrt{1+\sqrt{1+\sqrt{1+\sqrt{1+\cdots}}}}}}}$$

위의 두 표현 모두 1만을 무한히 써 내려가는 특이한 형태로 ϕ를 정의할 수 있다.

황금분할의 작도 방법

여러 가지 방법으로 황금분할점을 찾는 작도를 할 수 있다. 그 방법들을 크게 내적 황금분할과 외적 황금분할로 나눌 수 있다. 여기서는 내적 황금분할 2가지 방법과 외적 황금분할 2가지 방법, 그리고 이 두 가지—내적 황금분할과 외적 황금분할—를 모두 포함한 방법을 제시할 것이다. 내적 황금분할은 주어진 $\overline{AB}$를 황금분할하는 점 S을 찾는 것이다. 그리고 외적 황금분할은 $\overline{AS}$가 주어져 있을 때 점 S가 $\overline{AB}$의 황금분할이 되도록 하는 $\overline{AS}$의 외부에 있는 점 B를 찾는 것이다. 이 두 가지 작도 방법을 각각 살펴보자.

방법 1

길이가 a인 $\overline{AB}$에 수선 BC를 내린다. 이 때, 수선 BC의 길이는 $\frac{a}{2}$로 한다. 중심이 C이고 반지름이 $\overline{BC}$인 원이 $\overline{AC}$와 만나는 점을 D라고 하고, 중심이 A이고 반지름이 $\overline{AD}$인 원이 $\overline{AB}$와 만나는 점을 S라고 한다. 이 때, 점 S가 $\overline{AB}$를 황금분할한다.

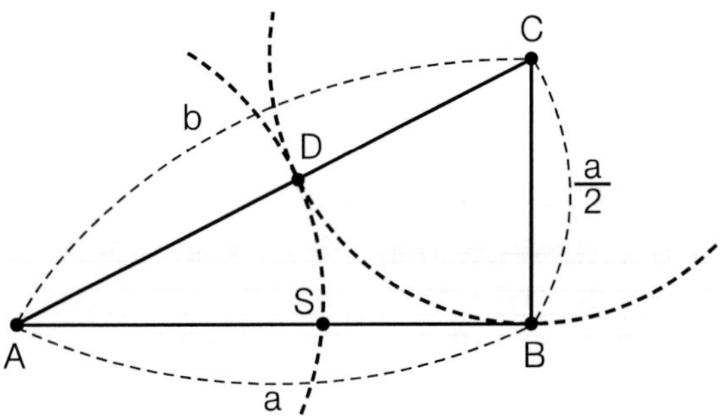

〈그림 2-9〉 내적 황금분할점 찾기 (1)

증명

이 작도방법이 실제로 황금분할을 하는 것인지 증명하여 보자. 피타고라스 정리에 의해

$$\overline{AC}^2 = a^2 + (\frac{a}{2})^2$$

$$\overline{\mathrm{AC}}^2 = a^2 + \frac{a^2}{4}$$

$$\overline{\mathrm{AC}}^2 = \frac{5a^2}{4}$$

$\overline{\mathrm{AC}} = \dfrac{a\sqrt{5}}{2}$ 이고, $\overline{\mathrm{CD}} = \overline{\mathrm{BC}} = \dfrac{a}{2}$ 이므로,

$$\overline{\mathrm{AS}} = \overline{\mathrm{AD}} = \overline{\mathrm{AC}} - \overline{\mathrm{CD}} = \frac{a\sqrt{5}}{2} - \frac{a}{2} = \frac{a(\sqrt{5}-1)}{2} = \frac{\sqrt{5}-1}{2}a$$

이다. 그리고

$$\frac{\sqrt{5}-1}{2} = \frac{(\sqrt{5}-1)(\sqrt{5}+1)}{2(\sqrt{5}+1)} = \frac{5-1}{2(\sqrt{5}+1)} = \frac{2}{\sqrt{5}+1} = \frac{1}{\frac{\sqrt{5}+1}{2}}$$

이기 때문에, $\overline{\mathrm{AS}} = \dfrac{a}{\phi}$ 이다. 따라서

$$\frac{\overline{\mathrm{AB}}}{\overline{\mathrm{AS}}} = \frac{a}{\frac{a}{\phi}} = \phi$$

가 된다. 그러므로 이 작도가 $\overline{\mathrm{AB}}$를 점 S로 황금분할했음을 알 수 있다.

방법 2

길이 a인 $\overline{\mathrm{AB}}$에 수선 AC를 내린다. 수선 AC의 길이는 $\frac{a}{2}$로 한다. 점 C가 중심이고 반지름이 $\overline{\mathrm{BC}}$인 원이 수선 AC의 연장선과 만나는 점을 D라 한다. 이 때 중심이 A이고 반지름이 $\overline{\mathrm{AD}}$인 원과 $\overline{\mathrm{AB}}$가 만나는 점을 S라 한다. 이 점 S가 $\overline{\mathrm{AB}}$를 황금분할한다.

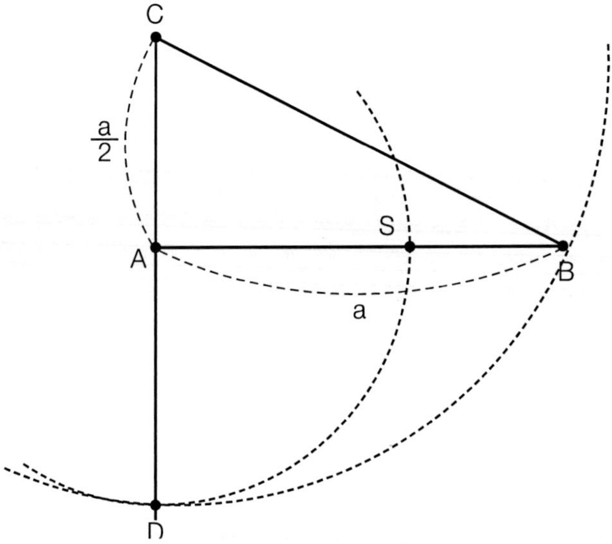

〈그림 2-10〉 내적 황금분할점 찾기 (2)

증명

이 작도방법 역시 황금분할을 하는지 살펴보자. 먼저, 피타고라스 정리를 이용하여,

$$\overline{\mathrm{CD}}=\overline{\mathrm{BC}}=\frac{a\sqrt{5}}{2}$$

를 구할 수 있다. 따라서

$$\overline{\mathrm{AS}}=\overline{\mathrm{AD}}=\overline{\mathrm{CD}}-\overline{\mathrm{CA}}=\frac{a\sqrt{5}}{2}-\frac{a}{2}$$

$$\overline{\mathrm{AS}}=\frac{a\sqrt{5}-a}{2}=\frac{a(\sqrt{5}-1)}{2}=\frac{\sqrt{5}-1}{2}a$$

$\overline{\mathrm{AS}}=\frac{a}{\phi}$가 되고,

$$\frac{\overline{\mathrm{AB}}}{\overline{\mathrm{AS}}}=\frac{a}{\frac{a}{\phi}}=\phi$$

이다. 그러므로 이 작도 역시 점 S가 $\overline{\mathrm{AB}}$를 황금분할했음을 알 수 있다.

방법 *1*

정삼각형 XYZ의 외접원을 K라 하고, A와 S는 $\overline{XZ}$, $\overline{YZ}$의 중점이라 하자. $\overline{XY}$에 평행인 $\overline{AS}$의 연장선은 원 K와 C와 B에서 만난다고 하자. 이 때, 점 S는 $\overline{AB}$를 황금분할한다.

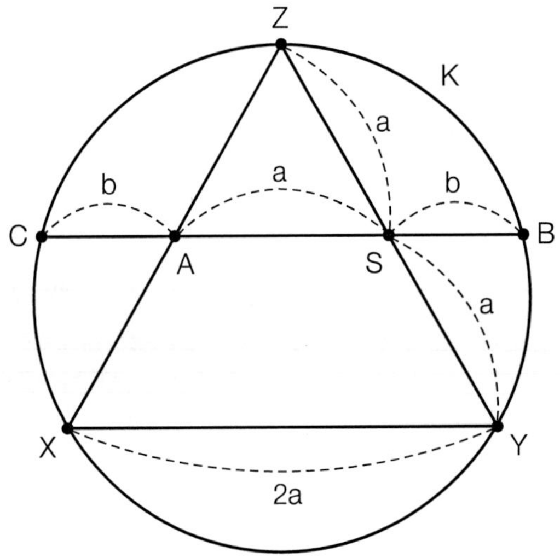

〈그림 2-11〉 외적 황금분할점 찾기 (1)

증명

이를 증명해보자. 이 삼각형의 한 변의 길이를 $2a$라고 하자. 그러면 $\overline{SY}=\overline{SZ}=a$이다. 그리고 중점연결정리[2]에 따라 $\overline{AS}=a$가 된다. $\overline{BS}$의 길이를 b라고 두면 역시 $\overline{AC}=b$이다. 여기서, 할선

정리[3]를 적용하면,

$$\overline{SY} \cdot \overline{SZ} = \overline{SB} \cdot \overline{SC}$$

가 된다. 이 식을 정리하면 다음과 같다.

$$a^2 = b(a+b) = ab + b^2 \quad (\text{양변을 } b^2\text{으로 나누어})$$

$$(\frac{a}{b})^2 = \frac{a}{b} + 1$$

$$(\frac{a}{b})^2 - \frac{a}{b} - 1 = 0$$

이전에 방정식과 동일하므로,

---

2) 〈삼각형의 중점연결정리〉 :

삼각형의 두 변의 중점을 연결한 선분은 나머지 변과 평행하고, 그 길이는 나머지 변의 길이의 $\frac{1}{2}$이다.

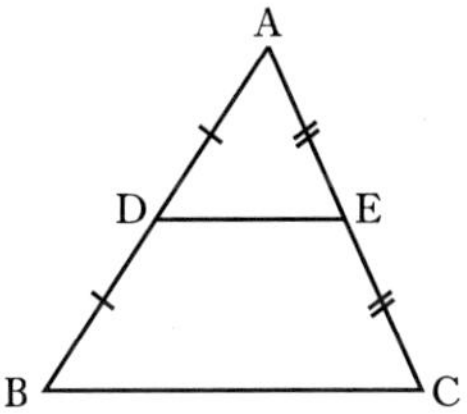

$\overline{DE} \,/\!/\, \overline{BC}$

$\overline{DE} = \frac{1}{2}\overline{BC}$

3) 〈할선정리〉

원의 두 현 AB, CD 또는 이들의 연장선이 만나는 점을 P라 하면

$$\overline{PA} \cdot \overline{PB} = \overline{PC} \cdot \overline{PD}$$

이 성립한다.

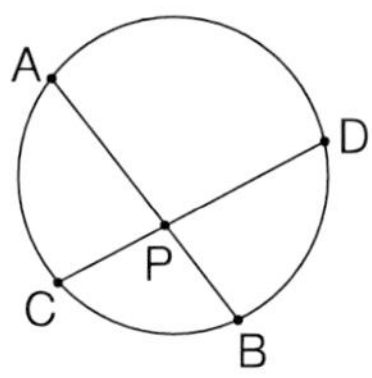

$$\frac{a}{b} = \phi$$

이다. 즉,

$$\frac{\overline{\mathrm{AS}}}{\overline{\mathrm{BS}}} = \frac{a}{b} = \phi$$

이다. 따라서 점 S는 $\overline{\mathrm{AB}}$를 황금분할한다.

방법 2

$\overline{\mathrm{AS}}$ 위의 점 S에서 $\overline{\mathrm{AS}}$에 수직인 수선 SC를 $\overline{\mathrm{SC}} = \overline{\mathrm{AS}}$가 되도록 긋는다. $\overline{\mathrm{AS}}$의 중점 E를 중심으로 하고 반지름이 $\overline{\mathrm{EC}}$인 원이 직선 $\overline{\mathrm{AS}}$와 S방향으로 만나는 점을 B라고 한다. 이 때, $\overline{\mathrm{AB}}$는 S에서 황금분할된다.

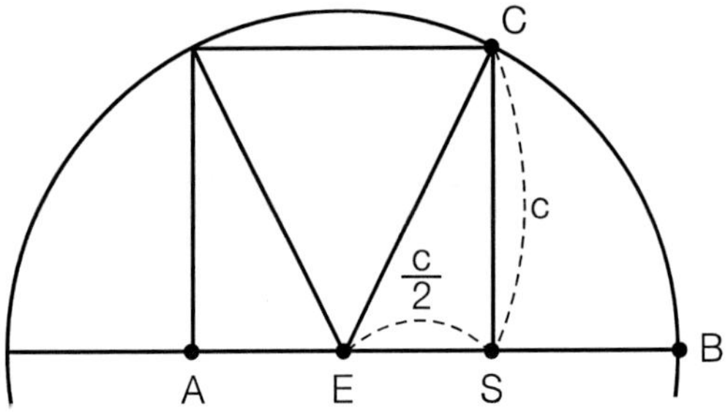

〈그림 2-12〉 외적 황금분할점 찾기 (2)

증명

이를 증명해보자. $\overline{AS}$의 길이를 c라고 하면,

$$\overline{CE}^2 = c^2 + (\frac{c}{2})^2 = c^2 + \frac{c^2}{4} = \frac{5c^2}{4}$$

$$\overline{EB} = \overline{CE} = \frac{c\sqrt{5}}{2}$$

이다. 따라서

$$\overline{AB} = \overline{AE} + \overline{EB} = \frac{c}{2} + \frac{c\sqrt{5}}{2} = \frac{c(\sqrt{5}+1)}{2} = \frac{\sqrt{5}+1}{2}c = c \cdot \phi$$

이고,

$$\frac{\overline{AB}}{\overline{AS}} = \frac{c \cdot \phi}{c} = \phi$$

이다.

내적·외적 황금분할

· 방법

$\overline{AB}$가 한 점 S에서 황금분할된다고 하자. 점 A를 중심으로 하고 반지름이 $\overline{AS}$인 원이 직선 $\overline{AB}$와 만나는 또 다른 점을 C라고

한다. 이 때, 점 A는 $\overline{BC}$를 황금분할한다.

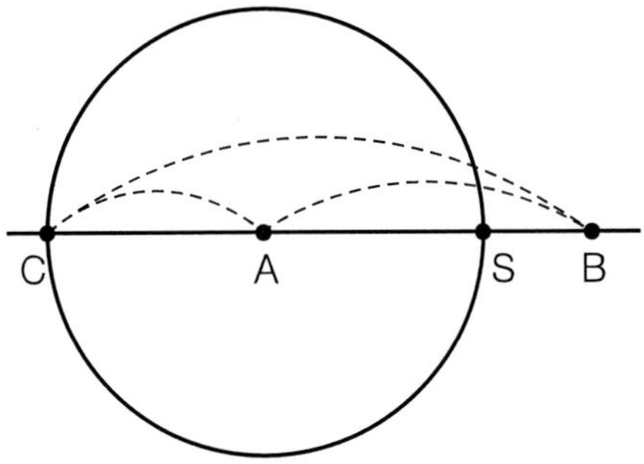

〈그림 2-13〉 내적 · 외적 황금분할점 찾기 (1)

증명

이를 증명하여 보자. S가 $\overline{AB}$를 황금분할한다는 사실에서

$$\frac{\overline{AB}}{\overline{AS}}=\phi$$

$$\overline{AC}=\overline{AS}=\frac{\overline{AB}}{\phi}$$

임을 알 수 있다. 그러므로

$$\frac{\overline{AB}}{\overline{AC}}=\frac{\overline{AB}}{\frac{\overline{AB}}{\phi}}=\phi$$

가 성립한다.

이 방법은 〈그림 2-14〉와 같이 얼마든지 자유자재로 실행할 수 있다. 뿐만 아니라 이 작도는 안쪽으로도 역시 계속해 나갈 수 있다.

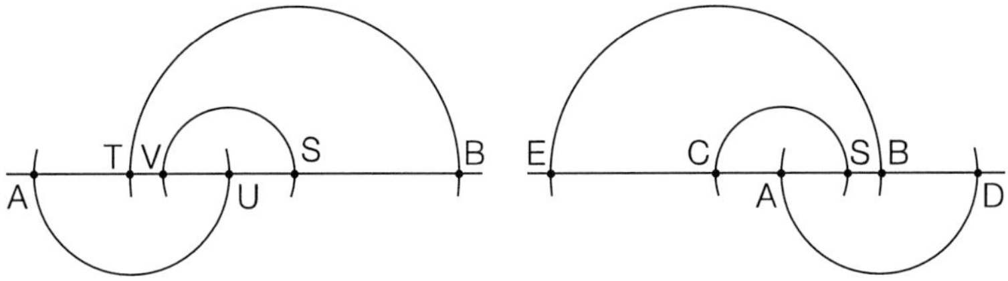

〈그림 2-14〉 내적 · 외적 황금분할점 찾기 (2)

황금분할용 컴퍼스

앞에서 황금분할을 작도하는 다섯 가지 방법을 살펴보았다. 이는 자와 일반적인 컴퍼스를 이용하여 작도하는 방법이었다. 이와는 달리 황금분할만을 작도하기 위한 컴퍼스도 개발되었다. 가장 오래되고 가장 단순한 형태는 길이가 같은 두 막대로 이루어진 환원컴퍼스로서 두 개의 막대가 황금분할을 하는 점에서 고정되어 있다. 이 컴퍼스의 고대 원형은 폼페이(Pompeii)유적에서 발견되었다(〈그림 2-15〉 참고).

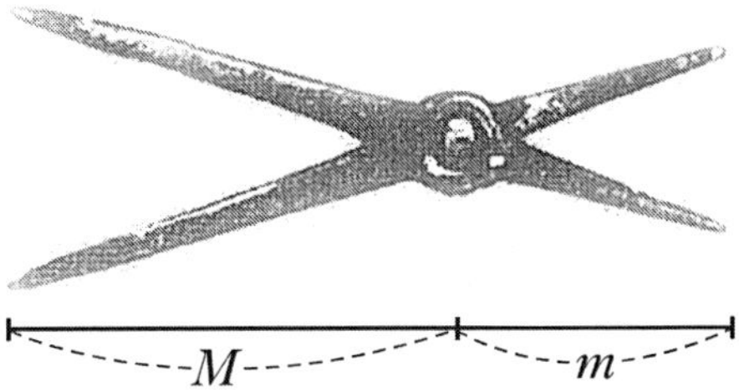

〈그림 2-15〉 황금분할용 환원컴퍼스

〈그림 2-16〉은 괴링어 박사(Adalbert Goeringer)[4]가 1893년에 개발한 것으로 긴 쪽과 짧은 쪽을 쉽게 알 수 있다. 전체 끝에서 끝까지의 긴 길이($\overline{AB}$)와 긴 길이를 둘로 나누어서 긴 쪽($\overline{BS}$)의 비가 황금비이며, 나누어진 $\overline{BS}$가 긴 길이이고, $\overline{AS}$가 짧은 길이로 이 비도 황금비이다. 실제로 황금분할을 작도할 수 있는지 증명해보자.

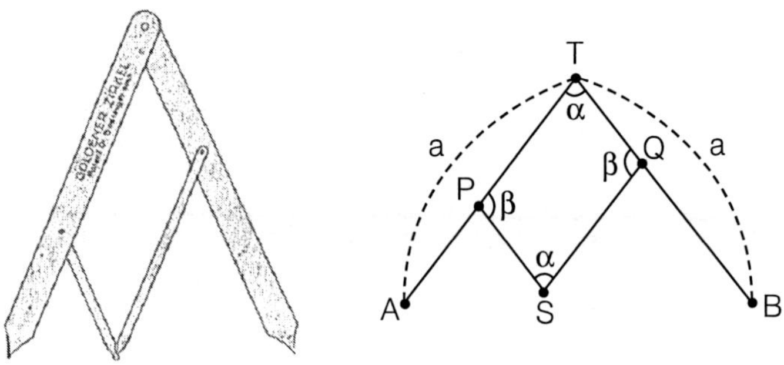

〈그림 2-16〉 괴링어 박사의 황금분할 컴퍼스와 그 약노

4) http://www.omnipelagos.com/entry?n=1893

증명

컴퍼스의 양팔 $\overline{AT}$와 $\overline{TB}$의 길이를 a라고 하면 $\overline{TP}=\overline{QB}=\overline{SQ}$와 $\overline{TQ}=\overline{PA}=\overline{PS}$가 성립한다. 특히 SPTQ는 평행사변형이므로 α가 점 T의 각의 크기라 한다면 점 S에서 각의 크기도 α이다. 여기서 평행사변형의 두 꼭짓점 P와 Q의 각 β의 크기는

$$\beta=(360^\circ-2\alpha)\div 2=180^\circ-\alpha$$

가 된다. $\angle APS$는 $\angle SPT$의 보각이므로 $180^\circ-\beta$가 되고, 이는 바로 α이다. 마찬가지로 각 $\angle SQB$의 크기도 α가 된다. 한편,

$$\overline{PS}=\overline{AP}\text{이고 }\overline{SQ}=\overline{QB}$$

이므로 두 이등변삼각형 $\triangle APS$와 $\triangle SQB$는 닮음이다. 이 삼각형의 밑각의 크기를 γ라고 하면,

$$\gamma+\gamma+\alpha=180^\circ$$

이다. 이로부터 세 각 $\angle ASP$, $\angle PSQ$, $\angle QSB$의 크기를 모두 합하면 180°가 된다는 것을 알 수 있다. 즉, 세 점 A, S, B는 한 직선 위에 있게 되는 것이다. 이는 얼핏 보면 그럴 것 같긴 했지만 지금까지는 밝혀지지 않았던 사실이다. 이로써

$$\frac{\overline{\mathrm{TP}}}{\overline{\mathrm{AP}}}=\frac{\overline{\mathrm{AT}}}{\overline{\mathrm{TP}}}=\phi \quad (\overline{\mathrm{AT}}=a,\ \overline{\mathrm{TP}}=\frac{a}{\phi})$$

$$\overline{\mathrm{AP}}=\frac{\overline{\mathrm{TP}}^2}{\overline{\mathrm{AT}}}=\frac{\frac{a^2}{\phi^2}}{a}=\frac{a}{\phi^2}$$

이라는 사실과

$$\frac{\overline{\mathrm{BQ}}}{\overline{\mathrm{TQ}}}=\frac{\overline{\mathrm{BT}}}{\overline{\mathrm{BQ}}}=\phi \quad (\overline{\mathrm{TQ}}=\frac{\overline{\mathrm{BQ}}}{\phi},\ \overline{\mathrm{BT}}=a)$$

$$\overline{\mathrm{BQ}}^2=\overline{\mathrm{TQ}}\cdot\overline{\mathrm{BT}}$$

$$\overline{\mathrm{BQ}}^2=\frac{\overline{\mathrm{BQ}}}{\phi}a$$

$$\overline{\mathrm{BQ}}=\frac{a}{\phi}$$

에서

$$\frac{\overline{\mathrm{BS}}}{\overline{\mathrm{AS}}}=\frac{\overline{\mathrm{QB}}}{\overline{\mathrm{AP}}}=\frac{\frac{a}{\phi}}{\frac{a}{\phi^2}}=\phi$$

라는 주장을 증명하게 된다. 그리하여, 이 황금분할용 컴퍼스는 실제로 황금분할을 자도할 수 있음을 알 수 있다.

이밖에도, 괴링어 박사의 컴퍼스와 유사한 세발 황금분할용 컴퍼스(〈그림 2-17〉 참조)가 나타나기도 했으며, 고대 컴퍼스와 유사한 황금분할용 컴퍼스를 리히터(O. Richter)가 개발하였다(〈그림 2-18〉 참조).

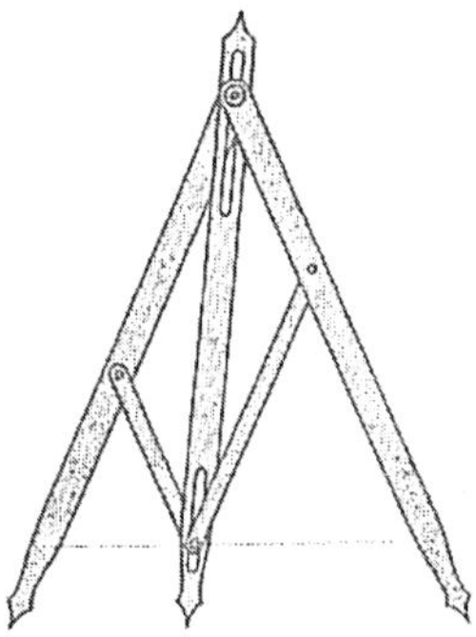

〈그림 2-17〉 세발 황금분할용 컴퍼스

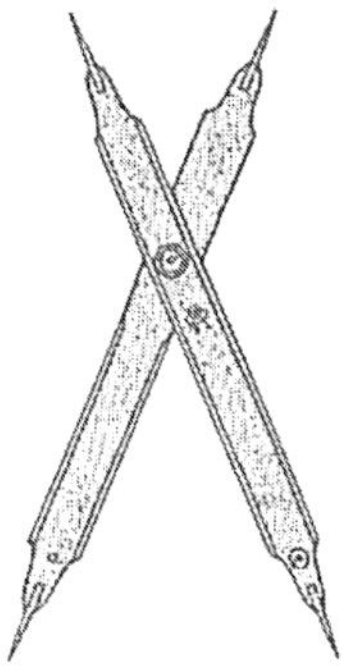

〈그림 2-18〉 리히터가 개발한 컴퍼스

황금분할과 정다각형

정오각형 황금분할을 직접 작도하는 방법 외에도 정다각형 내에서 황금분할이 되는 부분을 찾을 수 있다. 피타고라스 학파가 상징물로 사용하였던 펜타그램(〈그림 2-2〉 참고) 속에서 황금분할을 찾아보기로 하자. 이를 위해서 다음의 정리들이 필요하다.

정리 1

정오각형 $P_1P_2P_3P_4P_5$은 다음이 성립한다.

(a) 각 내각의 크기는 108°이다.

(b) 대각선의 길이는 모두 같다.

(c) 모든 변은 하나의 평행한 대각선이 존재한다. 예를 들면, $\overline{P_1P_2}$는 $\overline{P_3P_5}$와 평행하다.

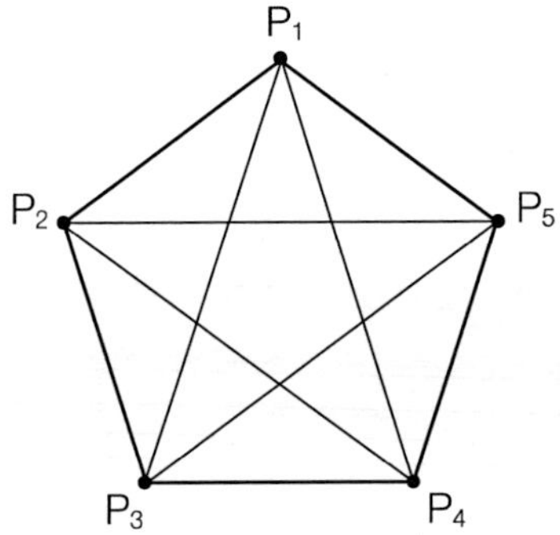

증명

(a) 임의의 n각형의 내각의 합은 $180(n-2)°$이므로, 정오각형의 내각의 합은 540°이다. 정오각형은 각 내각의 크기는 같으므로, 540°/5=108°이다. 따라서, 정오각형의 한 내각의 크기는 108°이다.

(b) 정오각형은 선대칭이므로 한 꼭짓점에 모이는 두 개의 대

각선은 길이가 같다. 즉, $\overline{P_1P_3}$와 $\overline{P_1P_4}$의 길이는 같다. 그리고 $\overline{P_1P_4}$와 $\overline{P_2P_4}$, $\overline{P_2P_4}$와 $\overline{P_2P_5}$, $\overline{P_2P_5}$와 $\overline{P_3P_5}$, $\overline{P_3P_5}$와 $\overline{P_1P_3}$의 길이는 같다. 그러므로, $\overline{P_1P_3}$, $\overline{P_1P_4}$, $\overline{P_2P_4}$, $\overline{P_2P_5}$, $\overline{P_3P_5}$의 길이는 모두 같다.

(c) 이 명제는 (b)와 마찬가지로 한 변에 대해 성립함을 보이면 다른 4개의 변에 성립함을 알 수 있다. P_1에서 $\overline{P_3P_4}$에 내린 수선 h는 이 정오각형의 대칭축이 된다. 대각선 $\overline{P_2P_5}$와 h가 만나는 점을 Q라고 하면, 삼각형 P_1P_2Q와 삼각형 P_1P_5Q는 합동이다. 그러므로 $\angle P_1QP_2$와 $\angle P_1QP_5$는 같다. 이 두 각의 합이 180°이므로, 이 두 각은 각각 90°이다. 따라서 $\overline{P_3P_4}$와 $\overline{P_2P_5}$는 h와 수직으로 만나기 때문에, 이 두 선분은 평행하다.

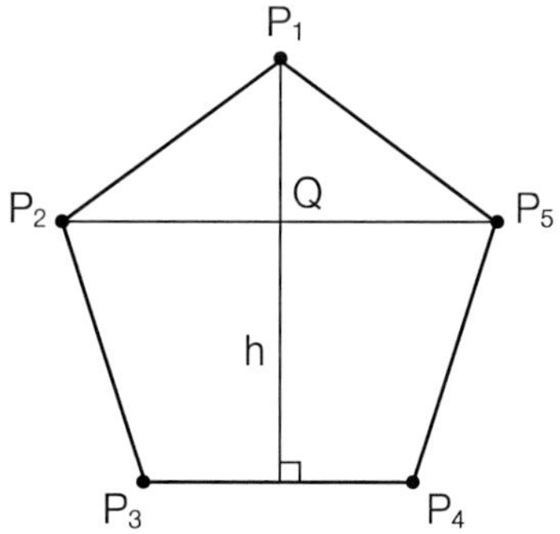

이로써, 정리 1.은 증명이 되었다. 이제 정오각형의 대각선이 서로 황금분할하는지 증명하여 보자.

정리 2

정오각형 $P_1P_2P_3P_4P_5$은 다음이 성립한다.

(a) 한 꼭짓점에서 만나지 않는 한 쌍의 대각선은 서로 황금분할한다.

(b) 한 대각선의 길이와 한 변의 길이의 비는 $\phi : 1$이다.

증명

아래 그림에서 대각선 $\overline{P_1P_3}$와 $\overline{P_2P_5}$가 만나는 점을 R이라고 하자.

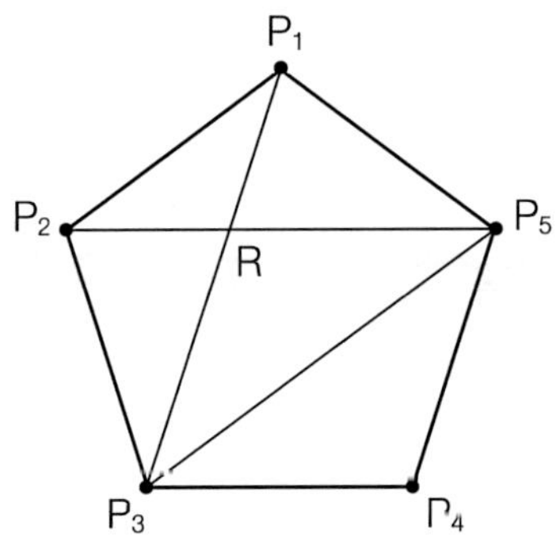

$\overline{P_1P_2}$와 $\overline{P_3P_5}$는 평행이므로 닮음비 정리에 따라,

$\dfrac{\overline{RP_3}}{\overline{RP_1}}=\dfrac{\overline{P_3P_5}}{\overline{P_1P_2}}$이고, 따라서 $\overline{RP_3}:\overline{RP_1}=\overline{P_3P_5}:\overline{P_1P_2}$이다.

정오각형의 정의에서 $\overline{P_1P_2}=\overline{P_4P_5}$이며, 정리 1.에 따르면 $\overline{P_3P_5}=\overline{P_1P_3}$이다. 따라서 $\dfrac{\overline{RP_3}}{\overline{RP_1}}=\dfrac{\overline{P_1P_3}}{\overline{P_4P_5}}$이므로 $\overline{RP_3}:\overline{RP_1}=\overline{P_1P_3}:\overline{P_4P_5}$이다.

이제 $\overline{P_4P_5}=\overline{RP_3}$임을 보이기만 하면 된다. 이는 사각형 $RP_3P_4P_5$가 평행사변형임을 보이면 된다. $\overline{RP_3}$와 $\overline{P_4P_5}$, 그리고 $\overline{RP_5}$와 $\overline{P_3P_4}$가 서로 평행임을 보여야 한다. 이는 앞에서 증명한 정리1.에 의해 알 수 있다. 즉 $\overline{P_4P_5}//\overline{P_1P_3}$이므로, $\overline{P_4P_5}//\overline{RP_3}$가 되고, $\overline{P_3P_4}//\overline{P_2P_5}$이므로, $\overline{P_3P_4}//\overline{RP_5}$가 된다. 그래서 사각형 $RP_3P_4P_5$는 평행사변형인 것이다. 이로부터 $\overline{RP_3}=\overline{P_4P_5}$임을 알 수 있다. 지금까지 얻은 결과들로부터 아래의 식을 얻을 수 있다.

$$\frac{\overline{RP_3}}{\overline{RP_1}}=\frac{\overline{P_1P_3}}{\overline{P_4P_5}}=\frac{\overline{P_1P_3}}{\overline{RP_3}}$$

이로부터, R이 $\overline{P_1P_3}$를 황금분할한다고 결론짓게 된다. $\overline{P_1P_3}$

는 임의의 대각선이므로 (a)는 증명이 된다. (b)는 (a)에 따르면 $\frac{\overline{P_1P_3}}{\overline{RP_3}}=\phi$, 즉 $\overline{RP_3}=\overline{P_4P_5}$이다. 따라서, $\frac{\overline{P_1P_3}}{\overline{P_4P_5}}=\frac{\phi}{1}=\phi$이므로, $\overline{P_1P_3}:\overline{P_4P_5}=\phi:1$이다.

피보나치 수열 **정오각형** 정오각형 내에 펜타그램을 그렸을 때, 이 펜타그램은 3개의 서로 다른 길이로 이루어져 있음을 알 수 있다(〈그림 2-19-a〉 참조).

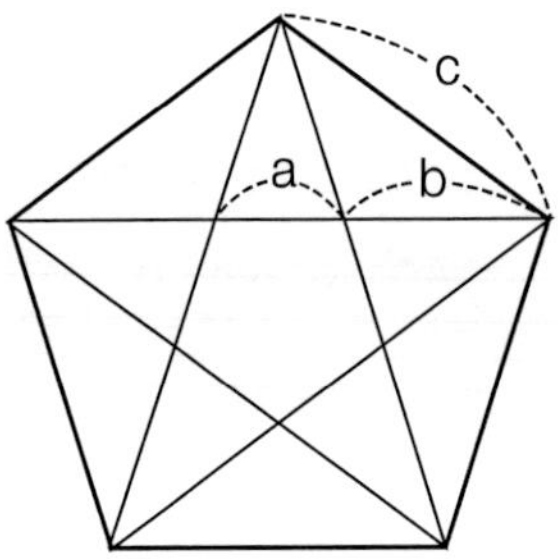

〈그림 2-19-a〉
정오각형과 펜타그램에서
볼 수 있는 서로 다른 세 변

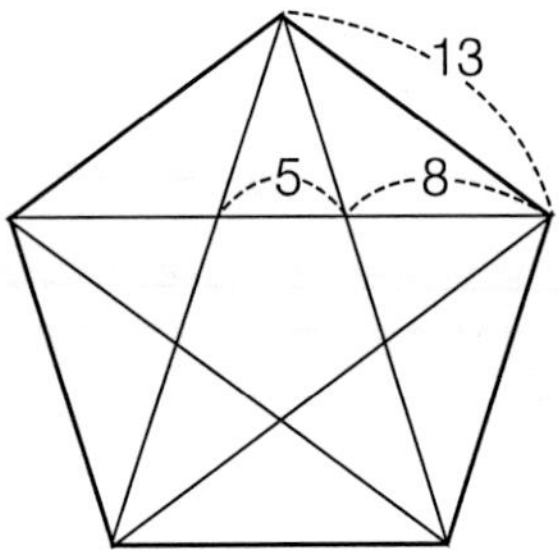

〈그림 2-19-b〉
이웃하는 세 피보나치수로
이루어진 정오각형과 펜타그램

〈그림 2-19-a〉에서 세 변 중 한 변의 길이가 피보나치수이면, 다른 두 수도 이웃하는 피보나치수이다. 따라서, 앞서 진술하였듯이 이 수가 커지면 커질수록 이들의 비의 값은 황금비에 가까워진다. 예를 들어, 한변의 길이가 5이면, 다른 두 변의 길

이는 8과 13이다(〈그림 2-19-b〉 참조).

황금삼각형 또한, 정오각형 속에서 황금삼각형을 찾을 수 있다. 황금삼각형은 이등변삼각형에서 길이가 같은 두 변 중 하나의 길이와 밑면의 길이의 비가 $\phi:1$일 때를 말한다. 즉, 세 변의 길이가 각각 $a, \phi a, \phi a$인 삼각형은 황금삼각형이다. 이는 정오각형에서 쉽게 찾을 수 있다. 정오각형의 한 변을 삼각형의 한 변으로 택하고, 마주보는 한 점에서 그은 두 대각선으로 이루어진 삼각형이 황금삼각형이 됨을 알 수 있다. 즉, 〈그림 2-20〉에서 삼각형 $P_1P_3P_4$가 황금삼각형이다. $\overline{P_3P_4}$가 a라면, $\overline{P_1P_3}$과 $\overline{P_1P_4}$는 이전에 살펴본 것처럼 ϕa가 되기 때문이다. 황금삼각형은 정십이면체와 정이십면체의 성형(stellation)의 전개도에서 발견된다. 황금삼각형의 세 각의 비는 2:2:1이다.

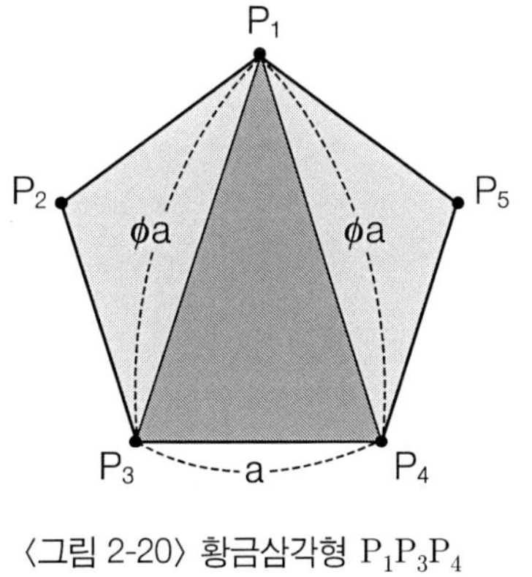

〈그림 2-20〉 황금삼각형 $P_1P_3P_4$

황금직사각형 황금직사각형은 '짧은 변의 길이' : '긴 변의 길이' = '긴 변의 길이' : '짧은 변과 긴 변의 길이의 합'이 황금비를 이루는 직사각형을 말한다. 결국 황금직사각형은 유클리드의 〈원론〉 제6권 정리 30에 나오는 길이의 비로 만든 직사각형이 된다. 즉, 가로와 세로의 길이의 비가 $\phi:1$인 직사각형이 황금직사각형이다.

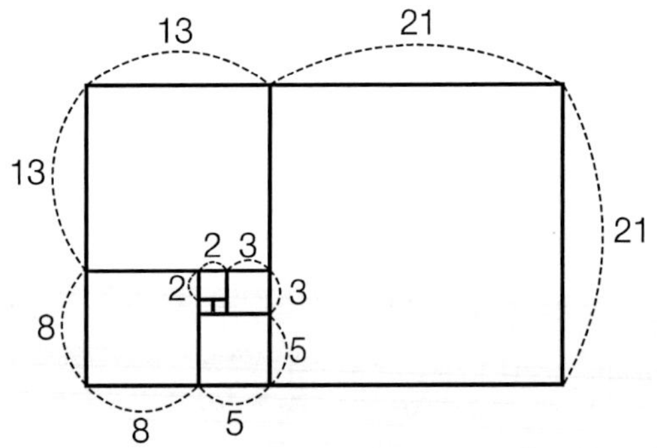

〈그림 2-21〉 황금직사각형

〈그림 2-21〉을 살펴보면, 각 직사각형의 변의 길이의 비는 $8:13=13:21$, $13:21=21:34$, $21:34=34:55$ 등이 됨을 알 수 있다. 황금직사각형의 한 변의 길이가 피보나치수로 이루어지면서 커짐에 따라, 그 두 변의 길이의 비는 점점 $\phi:1$에 가까워진다.

작도 황금직사각형을 작도하는 방법을 살펴보자.

방법 *1* 정사각형을 이용한 작도(1)

정사각형 ABCD에서 $\overline{AB}$의 중점 M을 중심으로 하고, 반지름의 길이가 $\overline{MC}$인 원을 그려 $\overline{AB}$의 연장선과 만나는 점을 E라 한다. 마찬가지로 $\overline{CD}$의 중점 N을 중심으로 반지름의 길이가 $\overline{BN}$인 원이 $\overline{DC}$의 연장선을 E방향으로 그려서 만나는 점을 F라 한다. 이 때, 직사각형 AEFD가 황금직사각형이 된다.

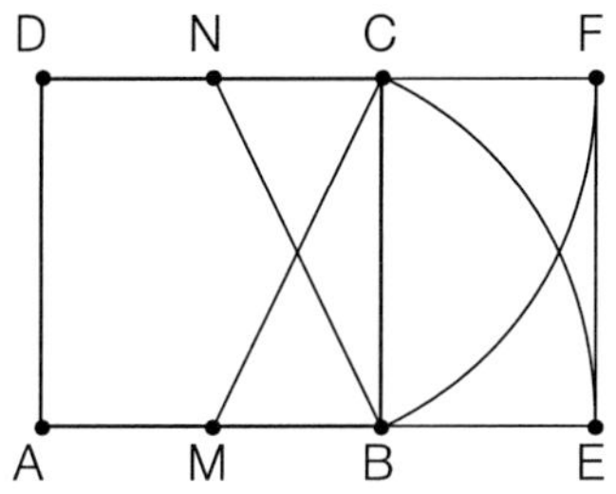

〈그림 2-22〉 정사각형을 이용한 작도 (1)

방법 2 정사각형을 이용한 작도(2)

1) $\overline{AB}$를 한 변으로 하는 정사각형 ABCD를 작도한다.

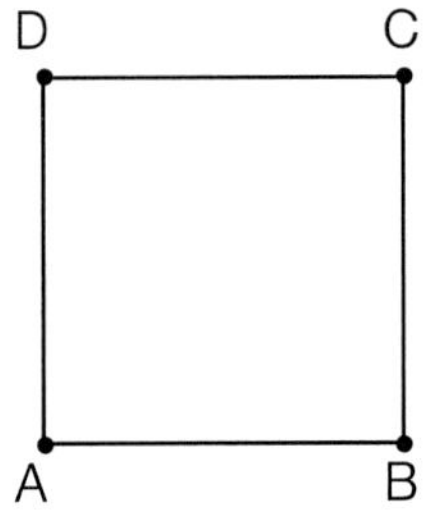

2) 정사각형 ABCD에서 $\overline{AB}$의 중점 O를 잡는다.

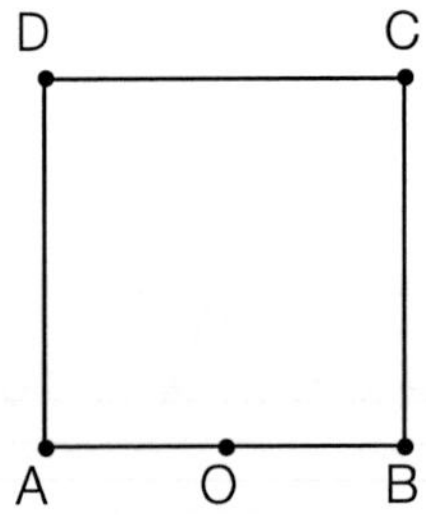

3) 점 O를 중심, $\overline{OC}$를 반지름으로 하는 원을 그려 $\overline{AB}$의 연장선과의 교점 E를 잡는다.

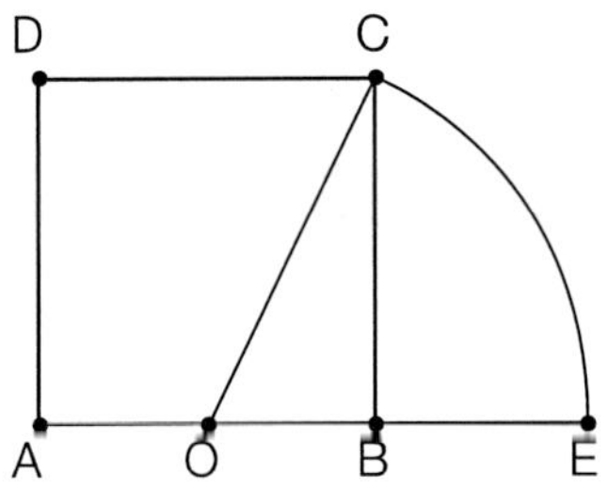

4) 점 E에서 $\overline{AE}$에 수선을 그어 $\overline{DC}$의 연장선과 만나는 점을 F로 잡는다. 여기에서 직사각형 AEFD는 황금직사각형이 된다.

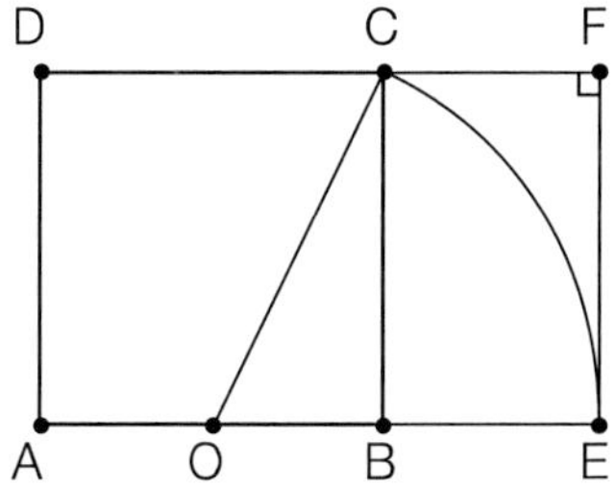

〈그림 2-23〉 정사각형을 이용한 작도(2)

증명

편의상 정사각형의 한 변의 길이를 2라고 하자.

그러면 $\overline{AO}=\overline{BO}=1$이므로, 피타고라스의 정리에 의해

$\overline{OC}=\sqrt{1^2+2^2}=\sqrt{5}=\overline{OE}$이다.

그러므로 $\overline{AE}=\overline{AO}+\overline{OE}=1+\sqrt{5}$이다.

따라서

$$\frac{\overline{AE}}{\overline{AD}}=\frac{1+\sqrt{5}}{2}=1.618\cdots$$

이다. 따라서 위의 직사각형은 황금직사각형이다.

방법 3 한 선분의 황금분할점을 이용한 작도

1) $\overline{AB}$를 황금비로 내분하는 점 C를 잡는다. 즉,

$\frac{\overline{AB}}{\overline{AC}}=\frac{\overline{AC}}{\overline{BC}}=\frac{1+\sqrt{5}}{2}$가 되는 점 C를 작도한다.

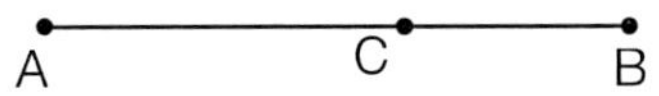

2) $\overline{AB}$ 위의 세 점 A, C, B에서 $\overline{AB}$에 대한 수선을 각각 작도한다.

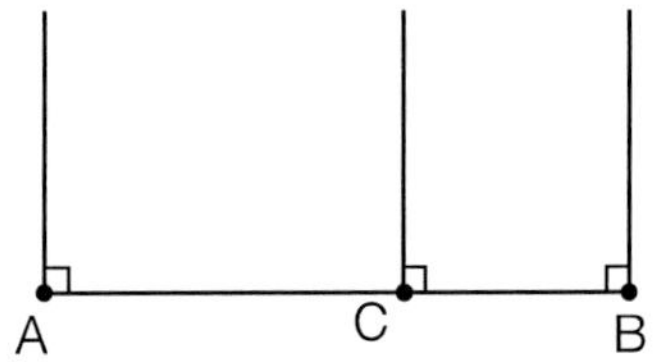

3) 점 C를 중심으로, $\overline{CB}$를 반지름으로 하는 원을 그려 점 C에서 그은 수선과의 교점 D를 잡는다.

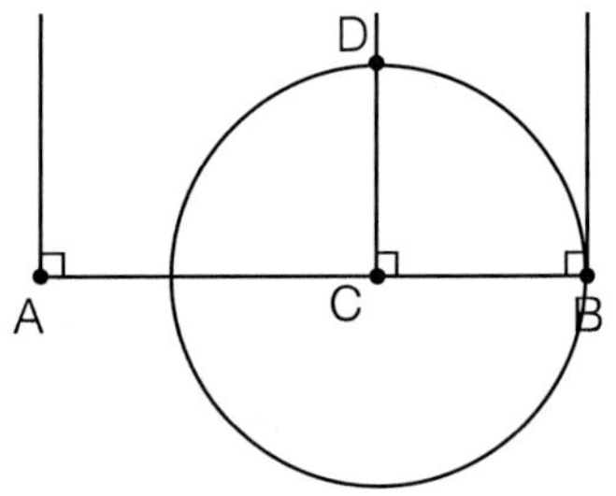

4) 점 D에서 $\overline{CD}$에 대한 수선을 그어 점 A에서 그은 수선과의 교점을 E라고 하자. 이 때, 직사각형 ACDE은 황금직사각형이 된다.

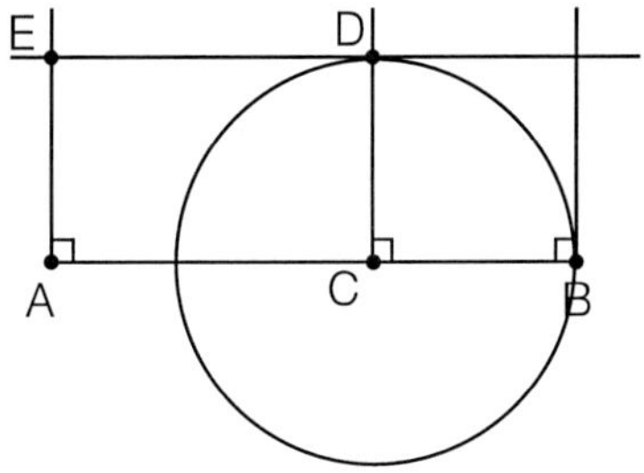

5) 마찬가지로 점 A를 중심, $\overline{AC}$를 반지름으로 하는 원을 그려 점 A에서 그은 수선과의 교점 F를 잡고, 그 점에서 $\overline{AE}$에 대한 수선을 그어 점 B에서 그은 수선과의 교점 G를 잡으면 또 다른 황금직사각형 ABGF를 얻을 수 있다. 그래서 처음 얻었던 직사각형 ACDE와 직사각형 ABGF는 황금직사각형이 됨을 알 수 있다.

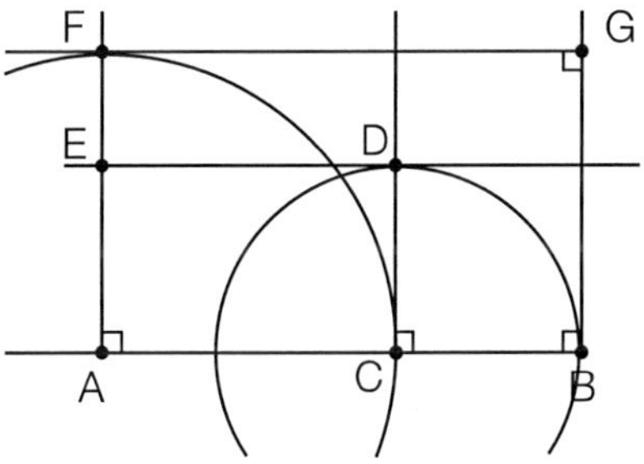

〈그림 2-24〉 한 선분의 황금분할점을 이용한 작도

방법 4 정사각형에 내접하는 황금직사각형

주어진 정사각형 ABCD의 각 변에서 황금분할점을 찾아 연결하면 주어진 정사각형에 내접하는 황금직사각형을 작도할 수 있다.

주어진 선분의 황금분할점을 찾아 황금직사각형을 작도하는 것은 독자에게 맡긴다. 이렇게 생긴 직사각형이 황금직사각형인지 증명해 보도록 하자.

증명

아래 〈그림 2-25〉와 같이 정사각형 ABCD의 각 변을 점 P, Q, R, S에서 각각 황금분할하도록 한다.

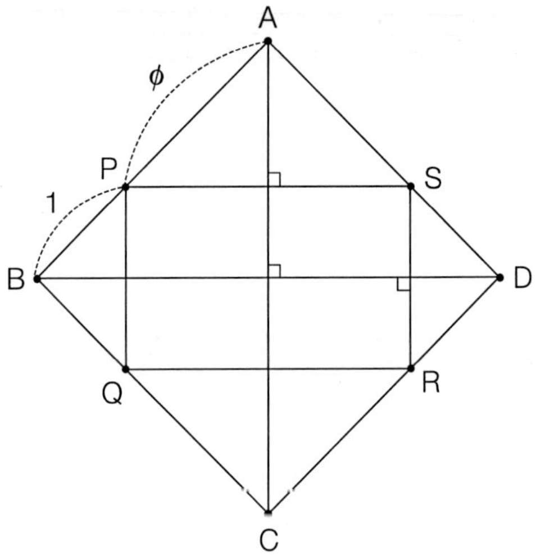

〈그림 2-25〉 정사각형에 내접하는 황금직사각형

우선 PQRS가 직사각형임을 밝히자. 닮음비 정리를 사용하면 $\overline{PS}$와 $\overline{BD}$, $\overline{QR}$과 $\overline{BD}$가 서로 평행임을 알 수 있다. 따라서 $\overline{PS}//\overline{QR}$이고, 마찬가지로 $\overline{PQ}//\overline{RS}$이다. 그러므로 PQRS는 평행사변형이다.

그리고 PQRS의 각 변은 정사각형 ABCD의 대각선과 평행이다. 정사각형의 두 대각선은 수직으로 만난다. 그러므로 대각선 BD와 평행인 $\overline{QR}$은 $\overline{SR}$과 수직으로 만나고, $\overline{PS}$와 $\overline{SR}$도 수직으로 만난다. 이와 마찬가지로 대각선 AC와 평행인 $\overline{PQ}$는 $\overline{PS}$와 수직으로 만나고, $\overline{SR}$은 $\overline{PS}$와 수직으로 만난다. 따라서 PQRS는 직사각형이다.

이제 PQRS가 황금직사각형임을 보여야 한다. 이는 간단하다. $\triangle APS$와 $\triangle BQP$가 서로 닮음이고, $\frac{\overline{AP}}{BP}=\phi$로 작도를 했으므로 $\frac{\overline{PS}}{PQ}=\phi$이다.

직사각형 PQRS의 네 꼭짓점이 정사각형의 각 변을 황금분할한다는 것은 증명할 필요가 없다. 왜냐하면 이미 점 P, Q, R, S를 그렇게 되도록 정했기 때문이다. 그리하여, 직사각형 PQRS가 황금직사각형임을 알 수 있다.

직사각형 안의 황금삼각형 황금삼각형은 이등변삼각형에서 길이가 같은 두 변 중 하나의 길이와 밑면의 길이의 비가 $\phi:1$일 때를 말한다. 즉, 세 변의 길이가 각각 $a, \phi a, \phi a$인 삼각형은 황금삼각형이다(〈그림 2-20〉 참고).

주어진 직사각형 ABCD 안에 삼각형을 그린다고 하자. 이때 삼각형의 한 꼭짓점은 이 직사각형의 한 꼭짓점과 공유하도록 그리고, 다른 두 꼭짓점은 이 직사각형의 변 위에 위치하는 삼각형 APQ을 그린다. 이 때 생긴 삼각형의 변들이 이 직사각형의 변과 겹치지 않도록 한다. 삼각형 APQ로 인해 생겨난 사각형 사이의 세 삼각형이 같은 넓이를 가지도록 P와 Q를 정한다. 그러면, 삼각형 APQ는 황금삼각형이 된다.

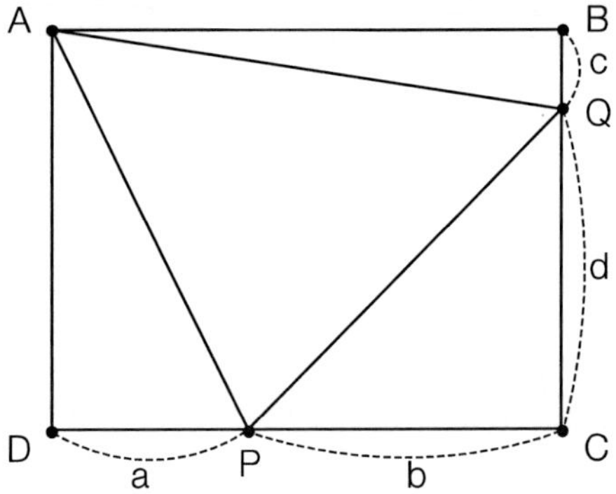

〈그림 2-26〉 직사각형 안의 황금삼각형

증명

ABCD를 주어진 직사각형이라 하고 $\triangle APQ$가 구하고자 하는 황금삼각형이라고 하자. 점 P와 Q는 $\triangle ADP$, $\triangle PCQ$, $\triangle ABQ$의 넓이가 같아지도록 택한다. 즉, $\frac{a(c+d)}{2}=\frac{bd}{2}=\frac{c(a+b)}{2}$이다. 이를 풀면, $\frac{a(c+d)}{2}=\frac{bd}{2}$, $\frac{a(c+d)}{2}=\frac{c(a+b)}{2}$이다. 이 식을 정리하면, $a=\frac{bd}{(c+d)}$, $a=\frac{bc}{d}$을 얻을 수 있다. a로 같으므로, $\frac{bd}{(c+d)}=\frac{bc}{d}$이고 b를 약분하여 $\frac{d}{(c+d)}=\frac{c}{d}$을 얻는다. 이 식을 정리하여, $d^2=c(c+d)$, $d^2=c^2+cd$을 얻고, 양변에 $\div c^2$하여 정리하면 $\left(\frac{d}{c}\right)^2-\frac{d}{c}-1=0$이고, $\frac{d}{c}=\phi$로 놓는다. 위에서, $a=\frac{bc}{d}$이므로, 이를 변형하면 $\frac{a}{b}=\frac{c}{d}\Rightarrow\frac{b}{a}=\frac{d}{c}=\phi$, $\therefore\frac{b}{a}=\phi$을 얻는다.

그러므로 세 개의 삼각형의 넓이가 같다는 것은 점 P가 $\overline{CD}$를, 점 Q가 $\overline{BC}$를 황금분할한다는 것을 뜻한다.

황금나선

빈센트 반 고흐(Vincent van Gogh, 1853년~1890년)의 〈해바라기〉에서 정열적으로 뜨거운 태양을 받고 있는 금빛 해바라기에서 소용돌이를 볼 수 있고, 〈별이 빛나는 밤〉에서 하늘의 커다란 불꽃같은 소용돌이가 회전하는 장면을 볼 수 있다. 이 소용돌이의 곡선이 은하의 소용돌이, DNA, 해바라기씨의 배열, 앵무조개, 짐승의 뿔 등에서 볼 수 있는 대수나선[5])을 이루고 있

〈그림 2-27〉 고흐의 해바라기

5) 대수 나선은 수식으로 $r=r_0e^{a\theta}$와 같은 지수함수로 표현되는데, 축을 한 바퀴 돌 때마다 일정한 비율로 원점에서 멀어져가거나 가까워지는 곡선이다.

다. 대수나선은 많은 동식물형태에서 발견되며 생명의 나선으로 알려져 있다. 여러 개의 정사각형을 이용하여 가로 세로의 비가 황금비인 직사각형 안에서 만들어지는 대수나선은 '동적 대칭(dynamic symmetry)[6]'의 비례가 존재하는 황금나선이다.

〈그림 2-28〉 고흐의 별이 빛나는 밤

6) 동적대칭은 건축학에서 동적균제론(dynamic Symmetry)과 유사한 것으로, 대칭이지만 일정한 비로 되는 것이 아니라 점점 커지거나 점점 작아지는 것을 말한다.

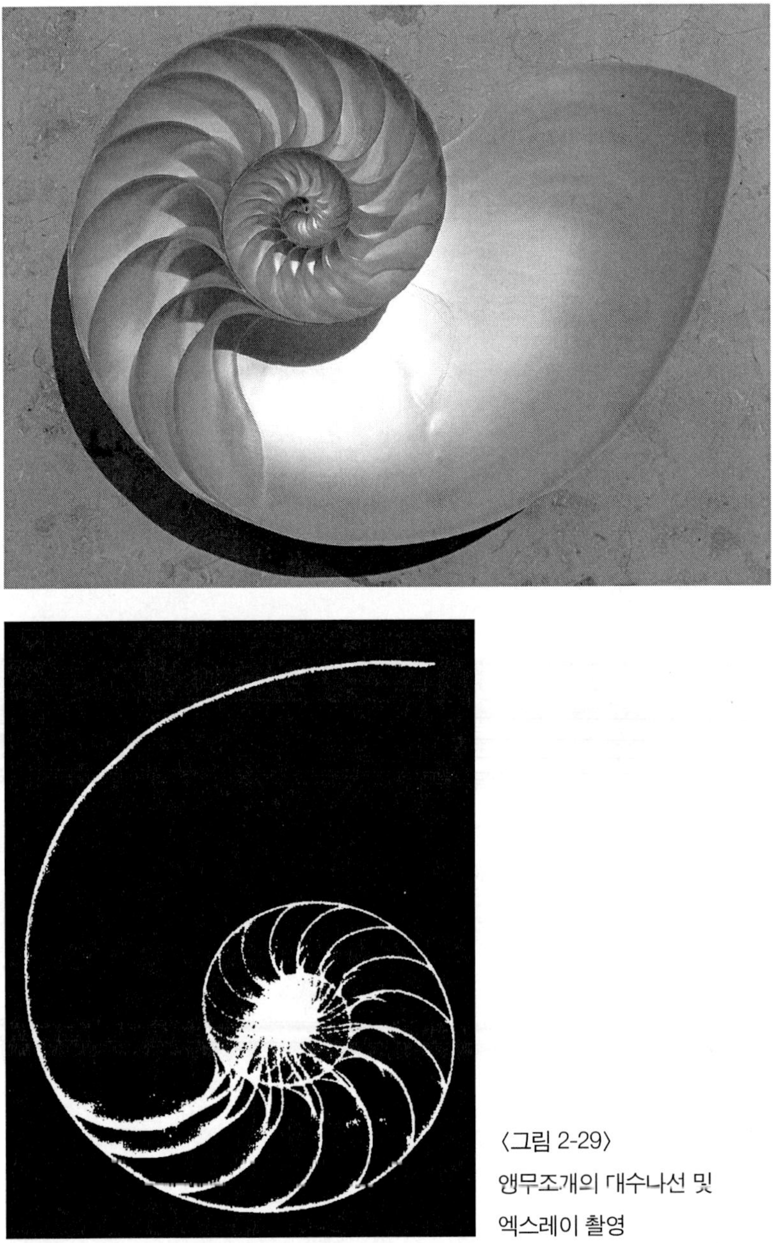

〈그림 2-29〉
앵무조개의 대수나선 및
엑스레이 촬영

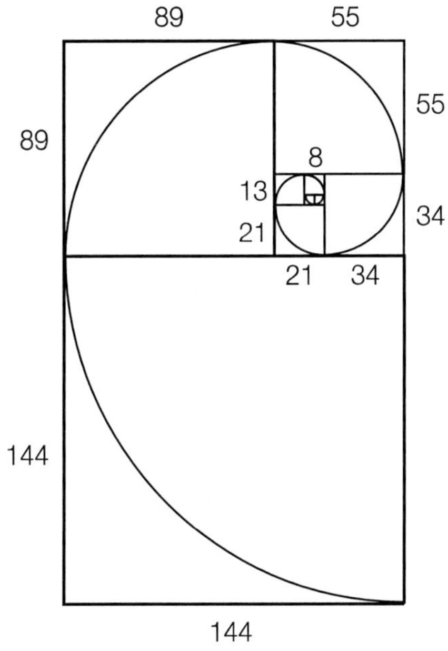

〈그림 2-30〉 대수(황금)나선

17세기 유럽의 조개 수집가들은 앵무조개 껍질에 매혹되었는데, 이에 대한 그림은 당시 네덜란드의 정물화에도 많이 남아 있다. 그 때 앵무조개 껍질을 수집한 이유는 광택의 희귀함보다는 조개껍질의 나선이 지니는 형태적 완전성이 창조주의 의지를 담고 있다고 보았기 때문일 것이다. 이와 같은 당시의 생각은 앵무조개에서 나타나는 대수나선의 수학적 성질과 관계가 있다.

이 곡선은 데카르트(Descartes, 1596년~1650년)가 처음 수학적으로 나타내었으며, 1638년 메르센느(Mersenne, 1588년~1648년)에게 보내는 편지에서 언급하였다. 자크 베르누이(Jacques Bernoulli,

1654년~1705년)는 대수나선에 대하여 체계적으로 연구하고 여러 가지 속성을 알아낸 수학자 중 한 사람이다. 그는 황금나선(대수나선)을 '기적의 나선'이라고 불렀다. 그는 이 나선을 확대, 축소시키거나 회전시켜도 모양이 변하지 않는다는 것을 알아냈다. 또한 원점까지의 길이는 유한하지만, 무한히 회전하여도 원점에 도달할 수 없는 기이한 곡선이기도 하였다. 그는 자신의 묘비에 이 나선의 성질을 요약한

비록 바뀌었지만, 나는 똑같을 것이다.
Eadem mutata resurgo

라는 비문과 함께 이 나선을 새겨 넣기를 희망하였다. 베르누이의 사후의 소망은 결국 성취되어 그의 묘비에는 그렇게 새겨지게 되었는데, 다만 조각가의 실수로 나선의 모양이 제대로 되지 못했다. 스위스 바젤에 있는 그의 묘비에는 대수나선이 아니라 아르키메데스나선[7]이 새겨져 있다.

황금나선(대수나선, 로그나선, 등각나선)을 좀더 확장하여 보면, 적당한 확대 회전을 거쳐 자신에게로 되돌아오게 되는 매혹적인 특성과 관계있다. 즉 모든 확대는 마치 회전하는 것처럼 작동한다. 달리 말하면 로그나선을 돌려보면 그 방향에 따라 마치 커

7) $r = a\theta$와 같은 식으로 표현된다. 중심으로부터 각도에 비례하여 멀어지는 나선이다. 롤빵과 같이 꼬인 모양이 이 나선이다.

지거나 작아지는 것처럼 보이게 된다. 다음 로그나선의 무리 그림은 흑백의 색조대비로 인해 착시 현상이 더욱 강하게 나타날 것이다.

〈그림 2-31〉 로고나선

작도 황금나선을 작도하는 방법을 알아보자.

방법 *1* 황금직사각형에서 정사각형을 이용한 작도

하나의 황금직사각형에서 출발하여 그 사각형 안에 인접한 일련의 정사각형을 그려나가고, 그 정사각형의 사분원을 이용하여 황금나선을 작도하는 것이다.

1) 황금직사각형 ABCD를 작도한다.

2) A를 중심으로 $\overline{AD}$를 반지름으로 하는 사분원을 그려 황금직사각형의 짧은 변을 한 변으로 하는 정사각형 AEFD를 그린다. 이 때, 직사각형 BCFE는 황금직사각형이 된다.

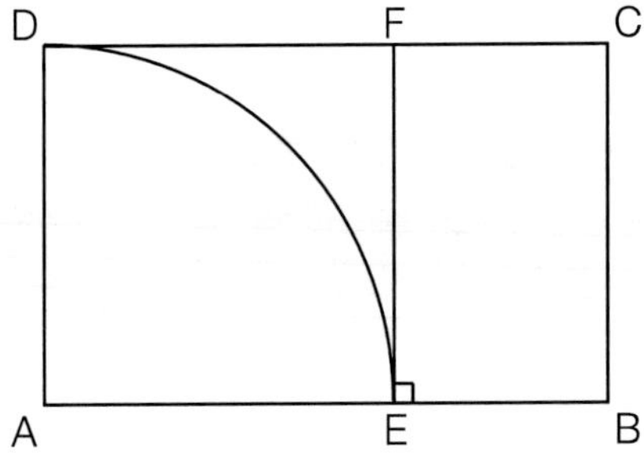

3) 마찬가지 방법으로 $\overline{BE}$를 반지름으로 하는 사분원을 그려서 정사각형을 그려나가면 황금직사각형 CFHG를 얻을 수 있다.

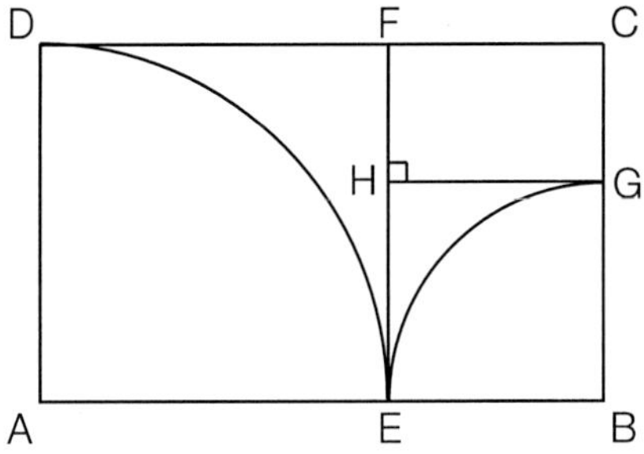

4) 이와 같은 방법으로 정사각형을 그리는 과정을 계속하면 무한히 많은 황금직사각형을 만들 수 있다. 이 때, D에서 중심점까지의 길이는 유한하지만 곡선의 길이는 무한하게 되는 것이다.

5) 이제 각각의 정사각형 안에 사분원을 하나의 곡선으로 연결되도록 그리면 또 하나의 새로운 도형을 찾아볼 수 있게 되는데, 그것이 바로 '등각나선' 또는 '로그나선'이라고도 불리는 '황금나선'이 된다.

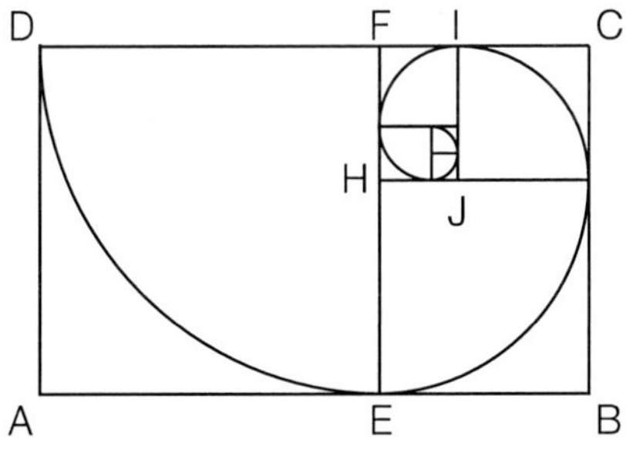

〈그림 2-32〉 황금직사각형에서 정사각형을 이용한 작도

방법 2 황금직사각형의 대각선을 이용한 작도

하나의 황금직사각형에서 출발하여 그 사각형의 대각선에 대한 수선을 이용하여 일련의 황금직사각형을 작도함으로써 황금나선을 만들어 나가는 것이다.

1) 먼저 황금직사각형 ABCD를 작도한다.

2) 황금직사각형의 대각선 AC를 긋고, 꼭짓점 B에서 그 대각선에 수선을 그어 $\overline{AC}$, 변 $\overline{CD}$와의 교점 P, E를 잡는다.

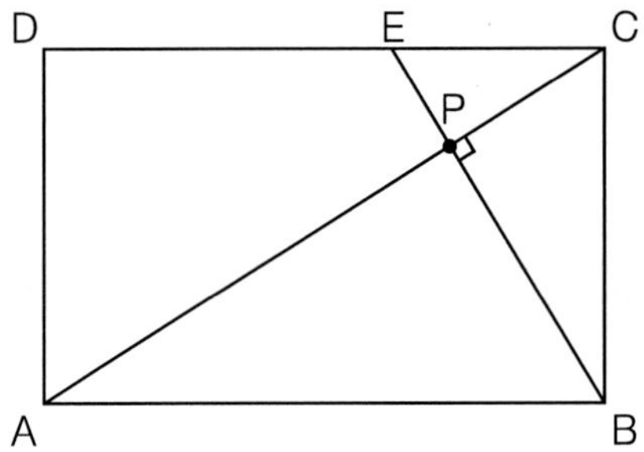

3) 점 E에서 $\overline{AB}$에 수선을 그어 만나는 점을 F라고 한다.

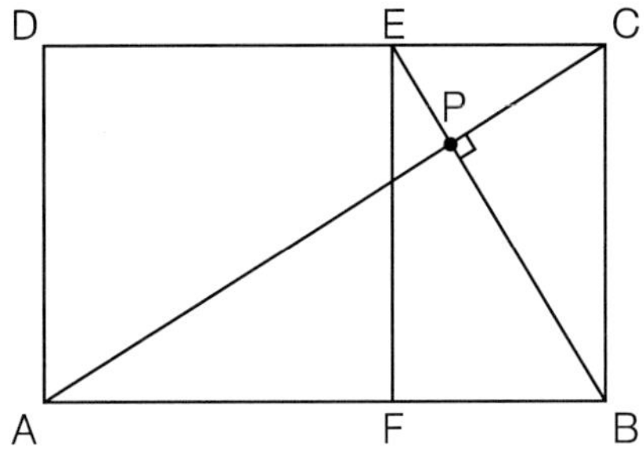

4) 이번에는 대각선 AC와 $\overline{EF}$의 교점 Q에서 $\overline{BC}$에 내린 수선의 발을 G이라고 한다.

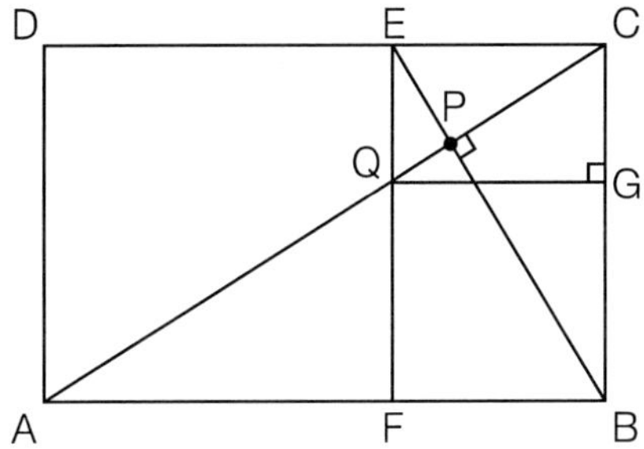

5) $\overline{QG}$가 대각선 EB와 만나는 점을 R이라 한다. 그 점에서 $\overline{CD}$에 수선을 그어 만나는 점을 H라고 한다.

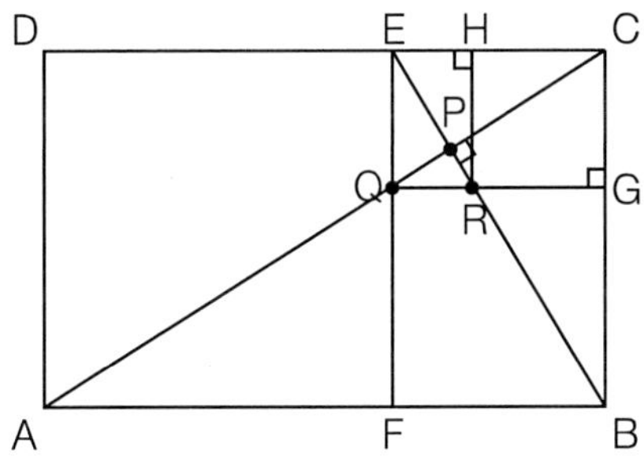

6) 이와 같은 방법을 계속 반복하면 수많은 황금직사각형과 정사각형을 얻을 수 있다. 그리고 황금나선을 그리기 위해서는 그림의 정사각형들에 대한 사분원을 하나의 곡선으로 연결되도록 작도하면 된다.

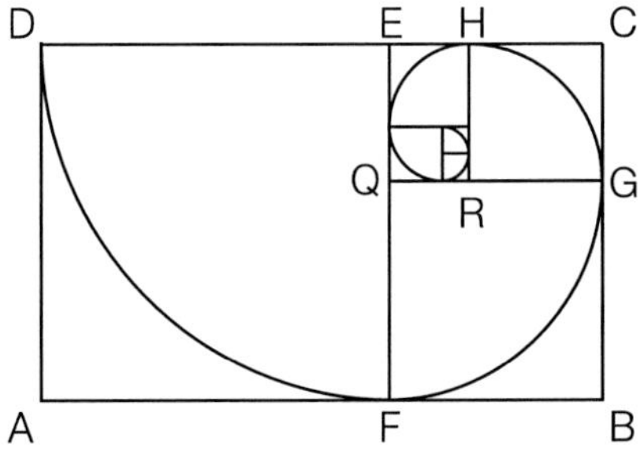

〈그림 2-33〉 황금직사각형의 대각선을 이용한 작도

증명

이 두 번째 작도 방법은 황금직사각형 ABCD 안에 또 다른 황금직사각형 BCEF를 작도하였다고 가정할 때, 두 황금직사각형의 대각선 AC와 BE가 직교하는 성질을 이용한 것이다. 그러므로 이 작도 방법에 대한 증명은 $\overline{AC} \perp \overline{BE}$임을 증명하는 것이 선행되어야 한다. 앞의 작도 중 3)번 그림을 참고한다.

$\triangle ABC$와 $\triangle BCE$에서, $\dfrac{\overline{AB}}{\overline{BC}} = \dfrac{\overline{BC}}{\overline{CE}}$,

$\angle ABC = \angle BCE = 90^\circ$이므로 $\triangle ABC$ @ $\triangle BCE$(SAS 닮음)이다.

따라서 ∠CAB=∠EBC가 된다. △ABC에서 ∠ABC=90°이므로

∠CAB+∠ACB=∠EBC+∠CEB=∠EBC+∠ACB=90°이다.

따라서 ∠BPC=90°이고, ∴ $\overline{AC} \perp \overline{BE}$이다.

이와 같이 황금직사각형의 대각선들이 만나는 점 Q를 황금나선의 극점 또는 중심이라고 하는데, 이처럼 부르는 이유는 무수히 많은 정사각형의 사분원을 이용하여 황금나선을 그리면 나선은 결국 점 Q를 향해 가기 때문이다. 또한, 이 중심 Q와 나선 위의 임의의 한 점을 연결한 선분을 황금나선의 반지름이라고 한다.

방법 3 피보나치 수열을 이용한 작도

피보나치 수열의 수들을 이용해서도 황금나선을 작도할 수 있다. 먼저, 안쪽에서 바깥쪽으로 피보나치수를 한 변의 길이로 하는 정사각형들을 차례로 그려 보자. 그 다음 첫 번째 사각형의 한 꼭짓점에서 출발하여 대각선에 있는 점으로 곡선모양을 그린다. 계속해서 반복하여 나선을 그려나간다. 이 나선 역시 황금나선으로서 피보나치 수열을 이용해 만들어졌기 때문에 피보나치 나선이라고도 한다.

1) 한 변의 길이가 1인 정사각형 A를 그린다.

2) 정사각형 A 옆에 한 변의 길이가 1인 정사각형 B를 이웃하게 붙여서 그린다.

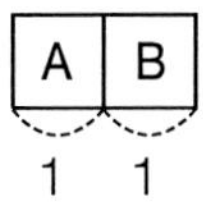

3) 정사각형 A와 B를 합하여 만든 직사각형의 긴 변에 한 변의 길이가 2인 정사각형 C를 이웃하게 붙여서 그린다.

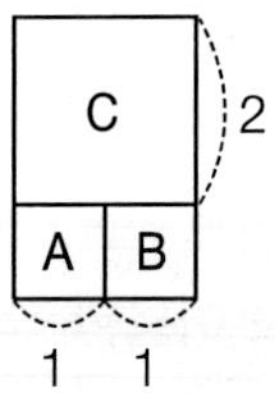

4) 한 변의 길이가 3인 정사각형 D를 정사각형 A, B, C를 합해 하나의 직사각형으로 보았을 때 긴 변에 이웃하게 붙여서 그린다. 이 때 방향은 항상 일정해야 한다. A, B, C를 시계 반대 방향으로 그렸으면 D도 시계 반대 방향으로 그려야 한다.

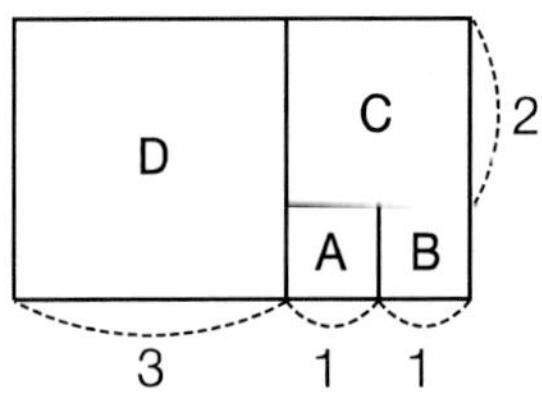

5) 이와 같은 방법으로 계속해서 피보나치수 1, 1, 2, 3, 5, 8, 13, 21, …를 한 변의 하는 정사각형을 그린다.

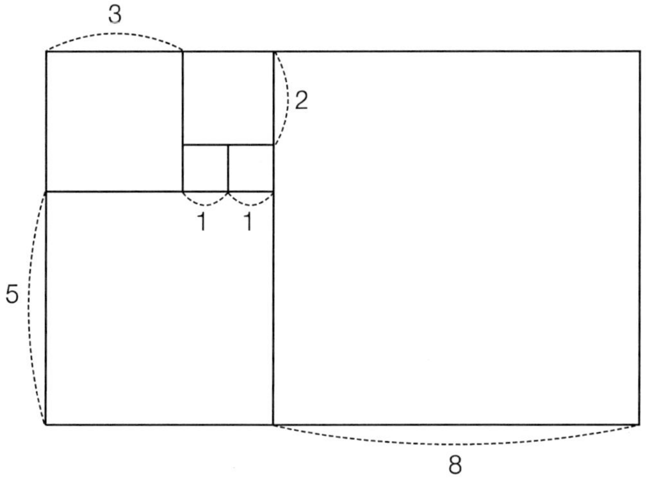

6) 그리고 싶은 데까지 정사각형을 그린 후, 정사각형을 그린 방향과 같은 방향으로 각각의 정사각형 안에 사분원을 그린다. 그러면 다음과 같은 등각나선의 모양이 나온다.

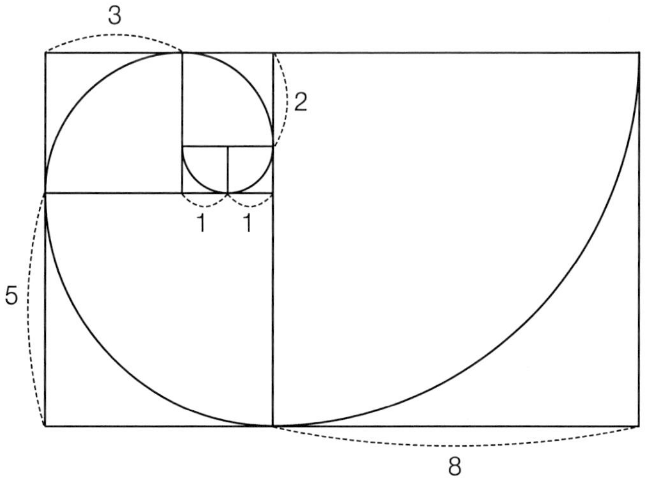

〈그림 2-34〉 피보나치 수열을 이용한 작도

방법 4 황금삼각형을 이용한 황금나선 작도

앞에서 살펴보았던 황금삼각형을 이용하여 황금나선을 작도할 수 있다. 〈그림 2-35〉에서, 꼭지각과 밑각의 크기가 각각 36°, 72°인 황금삼각형의 긴 변을 황금분할한 점(D)과 그 긴 변의 마주보는 점(C)을 연결하면 두 개의 황금삼각형(△ABC와 △BCD)이 나타난다. 이를 계속하여 진행해가면 보다 작은 크기의 황금삼각형을 계속 만들어 낼 수 있다. 여기서, 처음 황금삼각형의 꼭짓점에서 시작하여 나타나는 작은 황금삼각형의 꼭짓점을 연결한 나선을 그리면 황금나선이 나타난다. 즉, 〈그림 2-35〉의 △ABC에서 ∠C의 이등분선과 $\overline{AB}$와 만나는 점을 D라고 하면, 점 D는 $\overline{AB}$를 황금분할시킨다. 이 이등분선에 의해 나누어진 두 개의 작은 삼각형 중에서 △CDB는 원래의 △ABC와 닮음이 되어 황금삼각형을 이루게 된다. 그리고 분할하여 나타난 다른 삼각형인 △ADC도 각의 크기가 108°, 36°인 황금삼각형이 된다.

또한 분할된 황금삼각형 중 △ADC와 같이 각의 크기가 108°, 36°인 삼각형의 꼭짓점—점 D—을 중심으로 하고, 등변—$\overline{DA}$ 또는 $\overline{DC}$—을 반지름으로 하는 원을 이어서 그리면 〈그림 2-36〉와 같이 등각나선이 만들어지는 것을 알 수 있다.

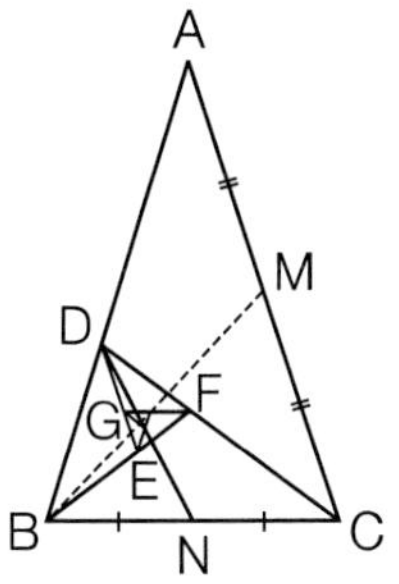

〈그림 2-35〉 황금삼각형을 이용한 황금삼각형의 작도

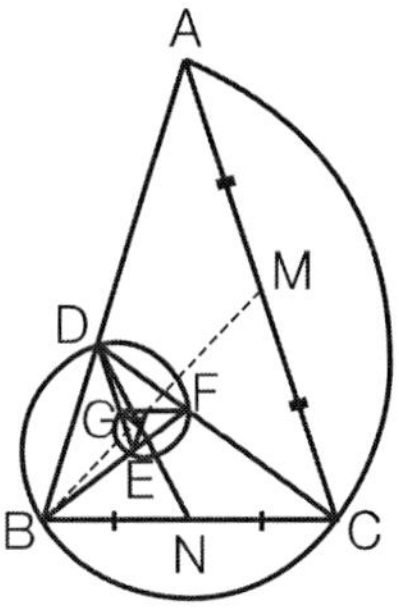

〈그림 2-36〉 황금삼각형을 이용한 황금나선 작도

여기에서 만들어진 두 개의 황금삼각형을 이용하여 황금삼각형을 정의하는 경우도 있다. 즉, △ADC의 넓이와 △ABC의 넓이의 비가 황금비를 이루는 삼각형을 황금삼각형이라고 정의하는 것이다.

또한, 황금삼각형의 등각나선 역시 황금직사각형의 등각나선과 같이 하나의 중심을 향하여 진행한다는 사실을 알 수 있다. △ABC의 밑변에 있는 끝점 B와 그 대변의 중점 M을 이은 $\overline{BM}$과 △CDB의 밑변에 있는 끝점 D와 그 대변의 중점 N을 이은 $\overline{DN}$의 교점인 E가 이 황금삼각형에서 얻을 수 있는 등각나선의 극점이 된다.

황금직육면체

〈그림 2-37〉처럼, 부피가 1이고 대각선의 길이가 2인 직육면체가 있다고 가정하자. 모서리의 길이를 각각 a, b, c라고 할 때, 직육면체의 부피가 1이므로 $a \cdot b \cdot c = 1$이고, 직육면체의 대각선 길이는 2이므로 $\sqrt{a^2+b^2+c^2}=2$이다.

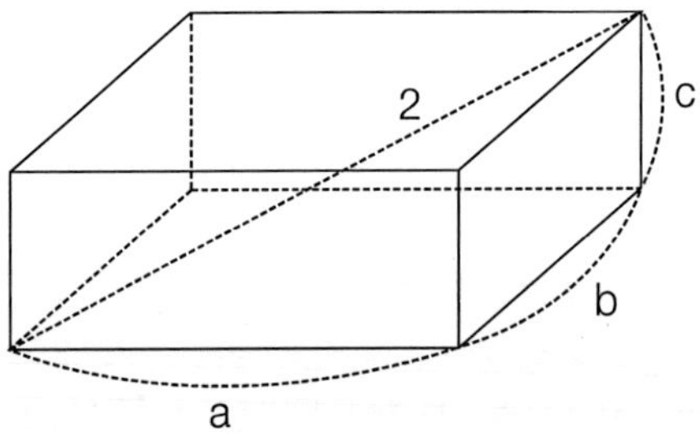

〈그림 2-37〉 황금직육면체의 예

여기에서 $b=1$인 경우를 살펴보면, $\sqrt{a^2+b^2+c^2}=2$, $\sqrt{a^2+1^2+c^2}=2$, $\sqrt{a^2+c^2+1}=2$, $a^2+c^2+1=4$, $a^2+c^2=3$이다. 여기서, $ac=1$을 $c=\dfrac{1}{a}$로 바꾸어, $a^2+c^2=3$에 대입하면, $a^2+(\dfrac{1}{a})^2=3$, $a^2+\dfrac{1}{a^2}=3$, $a^4+1=3a^2$, $a^4-3a^2+1=0$이다. a^2을 x로 치환하면, $x^2-3x+1=0$이고, 근의 공식을 이용

하여 x값을 구하면, $x=\frac{3\pm\sqrt{9-4}}{2}=\frac{3\pm\sqrt{5}}{2}$이다.

한편, $\phi=\frac{1+\sqrt{5}}{2}$이기 때문에,

$$\phi^2=(\frac{1+\sqrt{5}}{2})^2=\frac{1+2\sqrt{5}+5}{4}=\frac{6+2\sqrt{5}}{4}=\frac{3+\sqrt{5}}{2}$$

이다. 이로부터 $\phi^{-2}=\left(\frac{1}{\phi}\right)^2=\frac{3-\sqrt{5}}{2}$이다.

그러므로

$$(x+\phi^2)(x-\phi^{-2})=0,\ (a^2+\phi^2)(a^2-\phi^{-2})=0,$$

$$\therefore a^2=\phi^2,\ a^2=\phi^{-2}\text{이다.}$$

직육면체 속에서도 황금비를 찾아 볼 수 있다.

여기서, $a>c$라고 가정하면, $a=\phi$, $c=\phi^{-1}$이다. 각 모서리의 비가 $\phi:1:\phi^{-1}$인 직육면체가 되는데 황금직사각형과 삼차원적인 유사성을 띤다고 해서 황금직육면체라 부른다. 이 직육면체의 각 면의 넓이의 비 역시 $\phi:1:\phi^{-1}$가 된다.

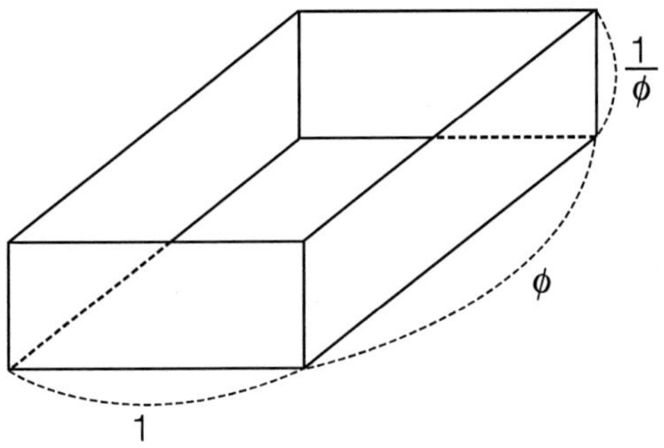

〈그림 2-38〉 황금직육면체

정리 황금직육면체의 겉넓이와 황금직육면체와 접하는 구의 겉넓이의 비는 $\phi : \pi$이다.

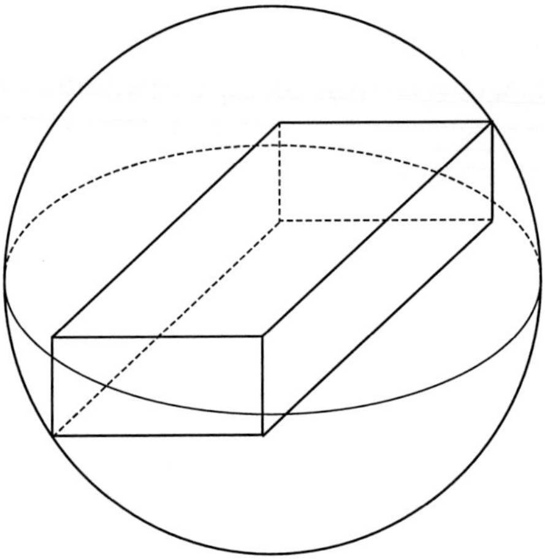

〈그림 2-39〉 구에 내접하는 황금직육면체

증명

황금 직육면체의 겉넓이

$$=2\phi+\frac{2}{\phi}+2$$

$$=2\left(\phi+\frac{1}{\phi}+1\right)$$

$$=\frac{2}{\phi}(\phi^2+\phi+1)$$

$$=\frac{2}{\phi}\cdot 2\phi^2 \;(\because \phi^2-\phi-1=0,\ \phi^2=\phi+1)$$

$$=4\phi$$

직육면체에 접하는 구의 겉넓이 $=4\pi r\ (\because r=1)=4\pi$

$\therefore$ 황금 직육면체의 겉넓이 : 직육면체에 접하는 구의 겉넓이

$$=4\phi : 4\pi=\phi : \pi$$

피보나치 수열과 황금비

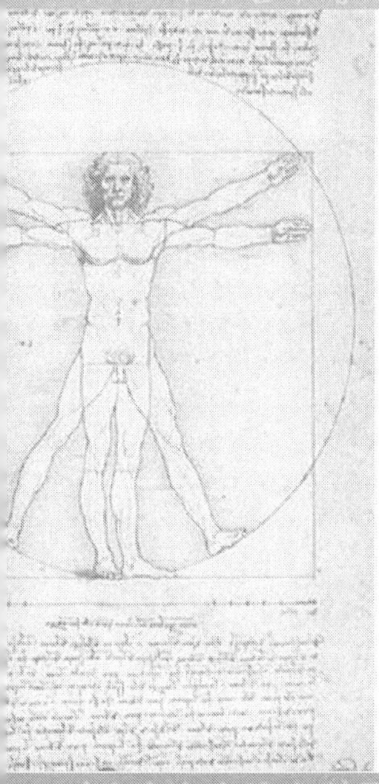

피보나치 수열과 황금비

Part III

황금비의 적용

생활 속의 황금비 | 인체에서의 황금비
자연에서의 황금비 | 건축에서의 황금비
미술에서의 황금비 | 음악에서의 황금비

Fibonacci sequence & Golden ratio

앞의 I장과 II장을 통하여, 피보나치 수열, 피보나치수, 그리고 이와 밀접한 관련이 있는 황금비, 황금분할에 대해 살펴보았다. 이제 이들이 우리의 생활, 신체, 자연, 건축, 미술, 음악 속에서 어떻게 나타나고 있는지 살펴볼 것이다. 사실, 우리가 의식하지 못하는 많은 부분에서 이들이 사용되고 있다. 또한, 고대 사람들도 의식적으로 또는 무의식적으로 사용하였다. 오늘날 여러 연구들에서 황금비는 인체비례, 조개껍데기, 나뭇잎, 물고기, 잠자리, 피라미드, 그리스 도자기, 파르테논 신전, 최후의 만찬 등의 미술작품과 같은 자연의 형태나 뛰어난 예술 작품의 구성에서 사용되었다고 제시하였다.

그 뿐만 아니라 이 비례는 베토벤, 모차르트의 음악에 적용되어있다고 소개하는 경우도 볼 수 있다. 어떤 경우는 황금비가 조화로운 음계나 색채의 원리라고 하기도 한다. 더 나아가 생명과 미의 기본적 원리를 황금비 속에서 찾기도 한다. 자연계에 널리 분포하고 있는 이 기하 구조가 인간의 무의식 속에서 조화와 균형을 이룬 완벽한 형태로 인식되는 것은 자연 자체로서 인간에게는 당연한 결과라는 것이다. 이것은 자연현상의 조화와 형태 속에서 원천적으로 존재해 있고 인간의 뛰어난 작품 속에도 발현되는 공통적인 규율이라는 것이다. 어쩌면 황금비 1.618034…라는 수는 자연계의 보편상수인지도 모른다. 이제 각 분야별로 피보나치 수열, 피보나치수, 황금분할, 황금비 등이 어떻게 적용하여 사용되고 있는지 살펴보자.

생활 속의 황금비

황금직사각형 우리의 생활 속에서 많이 사용되고 있는 명함과 신용카드는 대표적인 황금직사각형의 형태를 띠고 있다. 대부분의 명함의 가로와 세로의 길이는 90mm×54mm, 89mm×51mm으로 되어 있어서, 가로와 세로 길이 비율이 1.66, 1.74 등을 나타낸다. 그리고 신용카드 역시 86mm×54mm로 가로와 세로의 길이의 비율이 1.59로 황금비에 가깝다. 사실 정확히 황금비가 나타나기는 힘들나. 비가 무한 소수이며, 무리수를 가지고 있어야 정확한 비가 성립하므로, 대부분이 정확한 황금비이기보다 황금비에 가깝게 나타난다. 또 다른 예는 사진기에 들어가는 필름과 그 인화지이다. 이 역시 황금비를 이룬다. 그렇기 때문에, 사진이 더 안정적이고 아름답게 느껴지는 것이다. 그 외에도 엽서, 담뱃갑, 스케치북 등도 가로와 세로 사이의 비율이 황금비에 가깝다.

〈그림 3-1〉 명함의 가로의 길이와 세로의 길이의 비

우리가 거의 매일 바라보는 텔레비전 화면과 컴퓨터의 화면도 황금직사각형의 형태를 띠고 있다. 과거에는 텔레비전과 컴퓨터의 화면이 황금직사각형의 형태에 가깝지 못하였다. 이때는 기술부족으로 약 4:3의 비로 약 1. 313…을 나타내어 거의 정사각형에 가까운 화면밖에 만들지 못했다. 시간이 지나면서 기술이 발달하여 현재는 TV 광고에서도 자주 등장하는 16 : 9 화면

이 나타났다. 이 비는 소수로 환산하면 1.777…으로 황금비인 1.618…에 과거에 비해 좀 더 가까워졌음을 알 수 있다. 이처럼 화면이 황금직사각형의 형태를 나타내고자 노력하는 이유는 사람이 화면을 볼 때 가장 안정적이고 편안한 느낌을 느낀다고 생각하기 때문이다.

엘리어트 파동 이론 인간의 심리나 군중의 형태를 반영한 증권시장도 자연을 지배하는 법칙인 피보나치 수열에 따라 움직인다고 한다. 엘리어트(Ralph Nelson Elliott, 1871년~1948년)는 1938년 '주가는 상승 5파와 하락 3파에 의해 끝없이 순환한다.'[1]는 가격순환법칙을 주장했다. 이를 엘리어트 파동 이론(Elliott Wave Theory)라고 부른다. 이러한 연구는 엘리어트의 〈자연의 법칙-우주의 비밀*Nature's Law – The Secrets of Universe*〉(1946)이라는 책에 담겨있다. 이 법칙의 요점은 주가는 연속적인 파동에 의해 상승하고 다시 하락함으로써 상승 5파와 하락 3파의 여덟 개 파동으로 구성된 하나의 사이클을 형성한다는 것이다. 이후에는 새로운 상승 5파와 하락 3파에 의해 또 다른 사이클을 형성한다. 큰 사이클인 주 순환파(Primary Cycle)를 완성하기까지는 보통 3년 정도가 소요된다. 상승파의 1번, 3번, 5번은 상승파동으로 충격파동(Impulse Wave)이라 불리고, 2번, 4번은 하락파동으

1) Charles J. Collins이 쓴 *The Wave Principal*(1938)에 처음 소개되었다.

로 조정파동(Corrective Wave)이라 한다. 1번, 3번, 5번 파동이 주가의 진행방향과 같은 방향으로 움직이기 때문에 충격파동으로 불리고 조정파동은 주가의 진행방향과 반대방향으로 움직인다. 1번에서 5번까지의 상승 국면이 끝나면 하락 3파에서 하락 국면이 시작된다. 특히, 이 이론에서는 피보나치 수열을 이용해 조정의 폭과 목표가격을 예측하는 데 필요한 것은 비율분석이다. 시간은 패턴이나 비율보다 중요성이 떨어지지만 패턴분석과 비율분석의 정확성 입증에 사용된다.

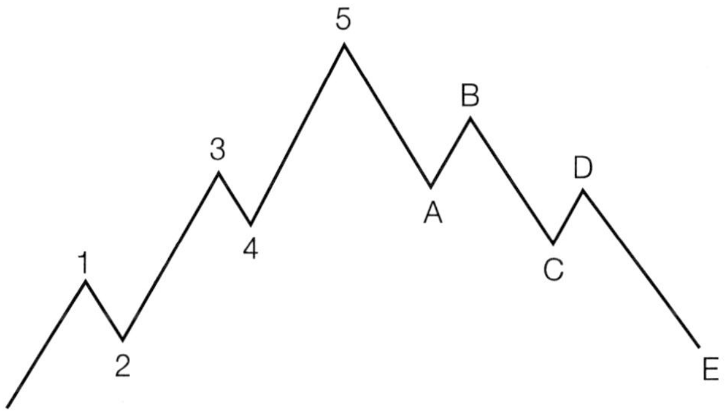

〈그림 3-2〉 엘리어트 파동

상승 5파와 하락 3파가 어떻게 피보나치수 및 황금비와 관련이 있는지 살펴보자. 먼저 상승 5파에서 1파는 추세의 시작을 알리는 파동이다. 2파는 1파의 급등에 대한 되돌림의 파동으로써, 통상적으로 1파 크기의 38.2%에서 61.8%의 조정을 보이는 경우가 많으며 100%의 조정은 절대로 현실적으로 불가능하다. 3파는 가장 강력한 상승국면을 보여주는 파동으로서 1파 크기의 1.618배로 상승한다. 그래서 일반적인 상승파동인 1파나 5파보다 절대로 작을 수 없다. 4파는 상승 3파에 대한 조정 파동으로서 3파의 소파동과 일치하는 경우가 많으며, 통상 38.2%의 조정이 많다. 5파는 상승장세의 마무리 파동으로 3파의 고점을 뚫지 못하고 하락하는 미달형이 많은 것이 특징이다. 하락 3파에서 A파는 대단히 빠른 속도의 하락 파동이다. B파는 갑작스런 하락추세의 시작에 따른 반발매수세의 등장으로 A파 크기의 38.2%에서 61.8%의 상승조정이 일반적이다. C파는 강력한 본격하락 국면이 시작되며 C파 크기의 1.618배로 하락하는 경우가 많다. 즉, 상승 3파와 하락 C파의 크기가 황금비인 1.618배로 상승하고 감소한다는 것을 알 수 있다. 주식이 피보나치수 및 황금비와는 상관이 없을 것처럼 보이지만 엘리어트파동이론을 통해 살펴보면 중요한 관련이 있음을 알 수 있다.

펜로즈 타일 펜로즈 타일은 로저 펜로즈(Roger Penrose, 1931년~)가 고안해 내었다. 그는 영국의 물리학자이자 수학자이다. 영국 런던대학교 유니버시티 칼리지 런던(University College London: UCL)에서 공부하였으며, 훗날 이 대학에서 오랫동안 강의하였다. 그는 의사인 어머니와 유전학자인 아버지, 그리고 수학자인 형제들 사이에서 자연스럽게 수학을 접하면서 성장하였고, 캠브리지 대학에서 대수적 기하학으로 박사학위를 받았다. 그는 옥스퍼드 대학의 수학과 교수로 재직하면서 학문으로서의 수학보다는 흥미 있는 놀이로서의 수학 연구에 초점을 맞추면서 이를 개발하는데 열정을 쏟았다. 그의 연구주제는 무엇보다도 테셀레이션(tessellation)이었다. 기하학적 타일에 관심을 가져 처음에는 여러 가지 정다각형으로 바닥을 메우는 테셀레이션을 연구하다가 점차 필요한 도형의 수를 줄여 두 개의 타일로 준주기성(quasiperiodic)[2)]을 가지는 패턴을 고안하고 이를 이용한 다양한 모양의 퍼즐을 개발하여 여러 단계 수준의 타일을 제작하였다.

연-표창 타일 정오각형 안에 들어 있는 황금삼각형들을 다양하게 조합하여 타일을 만들어낼 수 있다. 그 중에서 36°, 72°의 이등변삼각형을 등변끼리 붙인 것은 연의 모양을 닮아서 연 타일이라고 하고, 36°, 108°의 이등변삼각형을 등변끼리 붙인 것을 표창 모양을 닮아서 표창타일이라 부른다(〈그림 3-3〉 참조).

2) 준다면체는 두 개 이상의 도형으로 구성된 입체이다. 이와 같이, 준주기성은 하나의 형식으로 된 주기가 아니라 두 가지 이상의 주기가 섞여있는 것을 말한다.

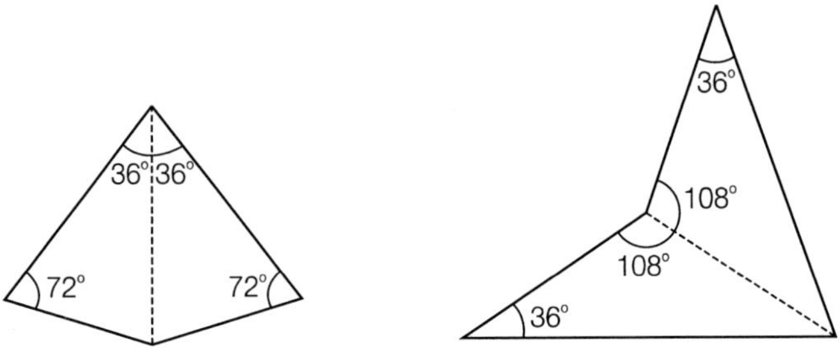

〈그림 3-3〉 연타일과 표창타일

이 두 종류의 타일 역시 변의 길이에서 황금비를 찾아 볼 수 있다. 이는 황금삼각형을 바탕으로 만들어졌기 때문이다. 〈그림 3-4〉의 큰 정오각형의 한 변의 길이가 ϕ라면, 연타일과 표창타일의 변들의 길이는 ϕ와 1이 된다.

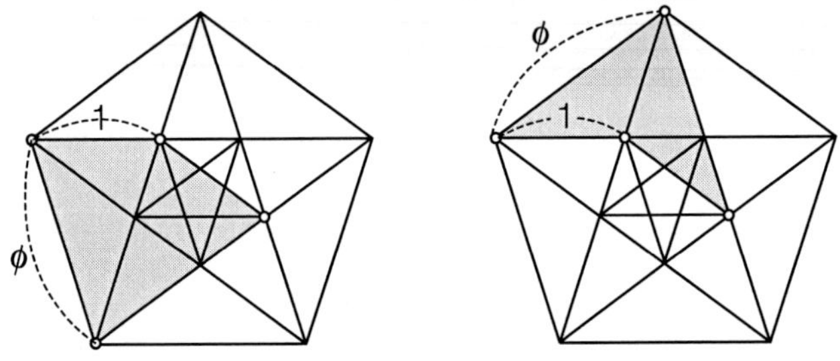

〈그림 3-4〉 정오각형 속의 연타일과 표창타일

연타일과 표창타일을 정오각형에서 찾아낸 대로 함께 놓으면 다음과 같은 규칙적인 타일이 된다.

〈그림 3-5〉 연타일과 표창타일로 만든 테셀레이션

마름모 타일 정오각형 안에 들어있는 황금삼각형들을 조합하면 두 종류의 마름모 타일을 만들 수 있다. 한 가지는 36°, 144°의 각도를 가진 마름모이고, 다른 한 가지는 72°, 108°의 각도를 가진 마름모이다. 이들 두 종류의 마름모를 이용해 바닥을 빈틈없이 메우는 테셀레이션을 할 수 있다. 편의를 위해 앞의 마름모를 뾰족 마름모, 뒤의 마름모를 무딘 마름모라고 칭한다.

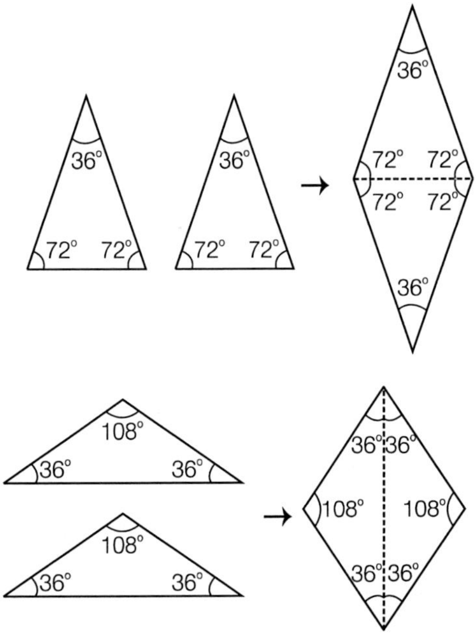

〈그림 3-6〉 황금삼각형으로 만든 두 종류의 마름모

이 두 마름모는 변의 길이와 대각선의 길이의 비가 황금비를 이룬다. 이 두 종류의 마름모로 다양한 모양의 테셀레이션을 만들 수 있다(〈그림 3-7〉, 〈그림 3-8〉, 〈그림 3-9〉 참조). 이렇게 만들어진 테셀에이션에서 여러 측면에서 황금비를 찾아 낼 수 있다. 예를 들어, 〈그림 3-8〉에서 뾰족 마름모의 개수는 약 108개이고, 무딘 마름모의 개수는 약 66개로 그 비는 1.6363…이다. 이 수치는 황금비인 1.618…에 근사하다. 같은 방식으로 〈그림 3-9〉에서 두 종류의 타일 조합을 가진 정십각형이 있는데 이들의 비가 황금비에 가깝다.

〈그림 3-7〉 마름모를 활용해서 만든 정십각형 테셀레이션

〈그림 3-8〉 뾰족 마름모와 무딘 마름모로 만든 테셀레이션

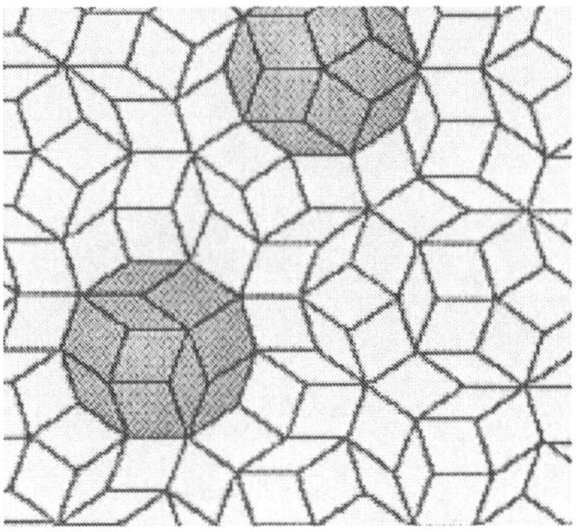

〈그림 3-9〉 두 종류의 정십각형

참고로, 위에 소개한 두 종류의 타일이외에 펜로즈 타일들을 이용하여 테셀레이션을 만들 수 있는데, 다음과 같은 아름다운 무늬를 만들어 낼 수 있다.

펜로즈 타일 테셀레이션 1

펜로즈 타일 테셀레이션 2

인체에서의 황금비

신체상에서도 많은 황금비를 찾아볼 수 있다. 꼭 우리의 신체 여러 부분이 정확히 황금비를 가진다고 말할 수는 없지만, 우리의 신체 각 부분들이 황금비에 가까운 값을 가지고 있을 때, 우리는 아름답다고 말한다. 우리의 신체 중 어느 부분들이 황금비를 이룰 수 있는지 살펴보자. 먼저 우리의 신체 중 키에서 황금비를 찾을 수 있다. 몸 전체를 배꼽을 중심으로 상반신과 하반신으로 나누었을 때, 상반신과 하반신의 비가 1 : ϕ를 이루면 우리는 아름답다고 생각한다.

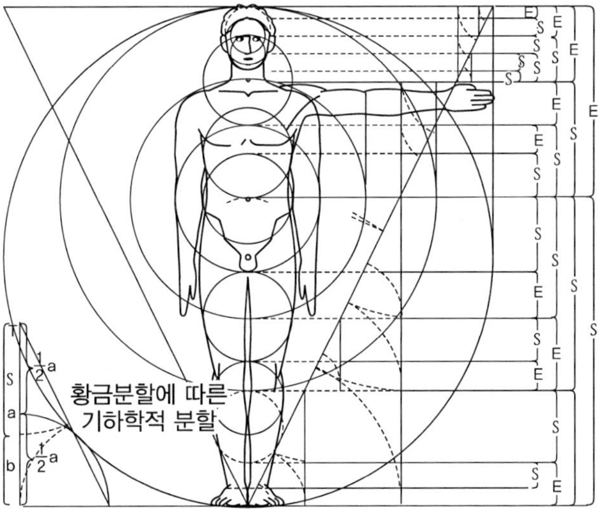

〈그림 3-10〉 신체의 각 부분 별 황금비를 이룬 상상의 인간

또, 다른 신체의 어떤 부분들이 황금비를 이루고 있는지 살펴보자. 건축설계학자인 르 꼬르뷔제(le Corbusier, 1887년~1965년)가 제시한 모듈러에서 주목할 것은 배꼽과 내려뜨린 손가락 끝은 전신을 황금분할한다는 점이다. 좀 더 세부적으로 들어가면, 배꼽 위 상반신에서는 머리끝에서 목까지와 목에서 배꼽까지의 길이가 황금비를 이룬다. 하반신에서는 발끝부터 무릎까지와 무릎부터 배꼽까지의 비율이 황금비이다.

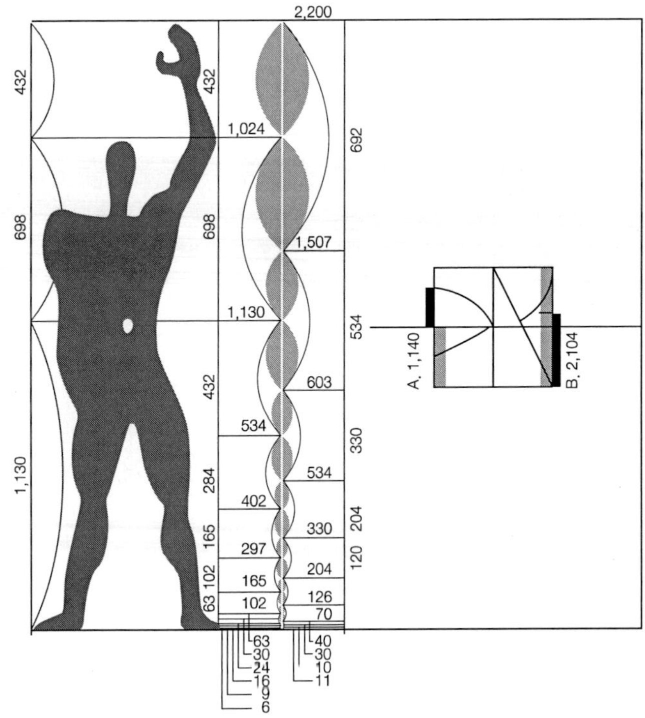

〈그림 3-11〉 르 꼬르뷔제(le Corbusier)의 신체 모듈러

계란형의 얼굴은 얼굴 둘레에 직사각형을 그려보면 황금직사각형을 이룬다. 입에서 코까지의 거리와 코에서 눈의 중심까지의 거리의 비가 황금비이다. 또 코에서 눈까지의 길이와 턱 끝에서부터 코끝까지의 길이의 비가 황금비이다. 눈썹은 머리카락이 자라기 시작하는 부분과 턱 사이의 길이를 황금분할한다(〈그림 3-12〉 참고). 또한, 손가락에서 살펴보면, 손가락 마디와 마디의 비에도 황금비가 존재하며(〈그림 3-13〉 참고), 각 마디의 관절뼈를 꼭짓점으로 하여 나타나는 직사각형의 모양은 황금비를 이루는 황금직사각형의 형태이다(〈그림 3-14〉 참고).

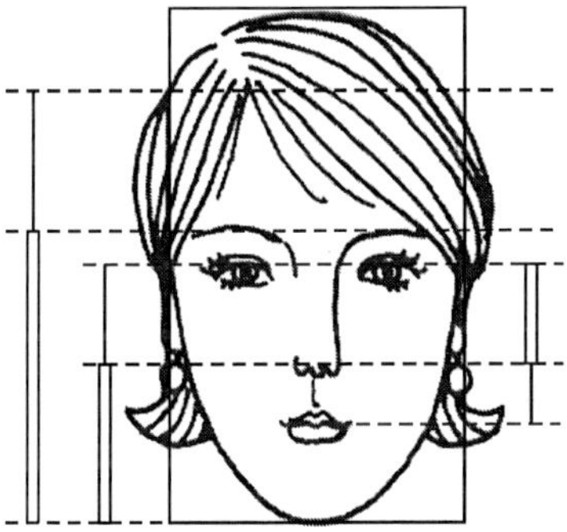

〈그림 3-12〉 얼굴의 각 부분에서 볼 수 있는 황금비

$$\frac{A}{B}=\frac{B}{A+B},\ \frac{A}{B}=\frac{B}{C}$$

$$\frac{B}{C}=\frac{C}{B+C},\ \frac{B}{C}=\frac{C}{D}$$

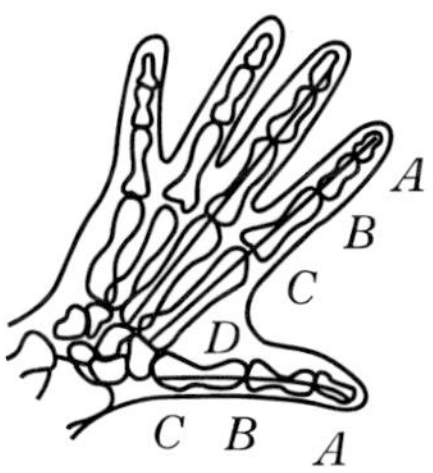

〈그림 3-13〉 손마디에 존재하는 황금비

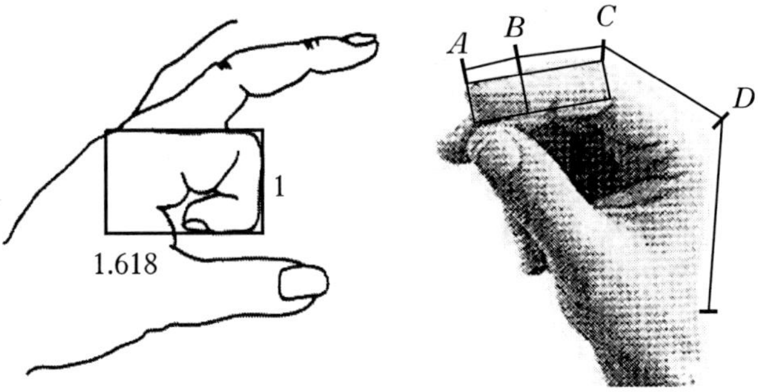

〈그림 3-14〉 접은 손마디에서 볼 수 있는 황금직사각형

또한, 치아열을 살펴보면, 두 앞니가 꽉 차게 그려지는 직사각형은 황금직사각형을 이룬다. 즉, 이의 배열을 살펴보면 이의 너비가 이루는 비율이 황금비이다(〈그림 3–15〉 참고).

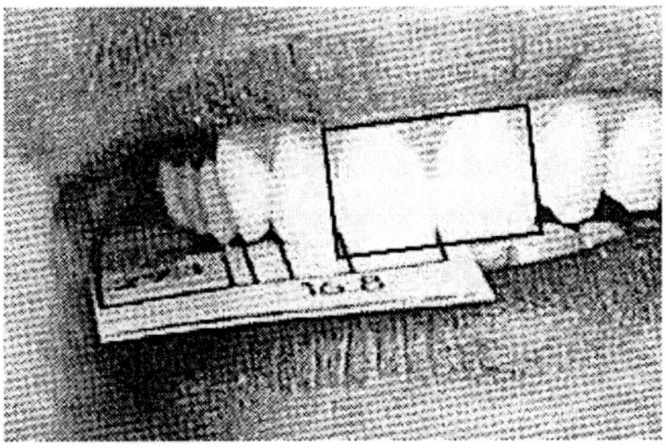

〈그림 3-15〉 치아열에서 볼 수 있는 황금비

하지만, 이러한 여러 가지 예들은 일정한 거리라 하더라도 어디서 어디까지인지 끝점을 분명하게 정의할 수도 없을 뿐만 아

니라 개인에 따라 편차가 심하기 때문에 보편적인 원리를 적용하기 힘들다. 또한 평균적이라고 보기도 힘들다. 그래서 비판을 받기도 한다. 하지만 우리는 신체에서 그러한 황금비를 발견했을 때 아름답다고 생각하는 것은 보편적일 것이다. 이러한 인체를 대상으로 한 황금비에 관한 연구 결과 및 도표는 과거부터 현재까지 실용적으로 사용되고 있고 예술적인 영역에서도 아름다움을 표현하기 위해 유용하게 사용되고 있다.

자연에서의 황금비

식물 황금비와 피보나치수가 자연 속에서 어떠한 형태로 나타나고 있는지 살펴보자. 식물과 동물 모두 황금비와 피보나치수를 지니고 있는 개체는 많이 존재하고 있다. 먼저 식물을 살펴보면, 식물의 개도[3]나 꽃잎, 가지의 수, 잎 성장 비율, 잎차례 등에서 피보나치수나 황금비를 관찰할 수 있다.

---

3) 줄기에 달린 잎의 위치 관계를 표시하는 척도로, 이는 줄기에 직각인 수평면에 투영하였을 경우 이웃하는 2장의 잎이 경축(莖軸)을 중심으로 하여 이루는 각도(개각도(開角度))가 전주(全周) 360°의 몇 분의 1인가를 분수값으로 표시한 것이다.

잎의 성장 비율 식물의 잎 성장 비율과 황금비의 관계에 대해 살펴보자. 한 잎에서 다음 잎이 나기까지 회전하는 비를 잎차례라고 하면 잎차례의 회전 각도는 약 137°로 수렴한다. 이는 근사값으로 360°를 황금분할한 각도에 해당된다. 잎이 나는 각도의 비가 피보나치 수열을 띠는 이유는 잎이 나선형으로 비켜나서 아래 잎이 햇볕에 가려지는 것을 막아 최대한 넓은 면적에 걸쳐 빛을 받기 위함이다(〈그림 3-16〉 참고). 예를 들면, $\frac{1}{2}$, $\frac{2}{5}$, $\frac{3}{8}$, …의 비율을 가지는데 어떤 식물이 그러한 비를 가지는지 〈표 3-1〉에 제시하였다.

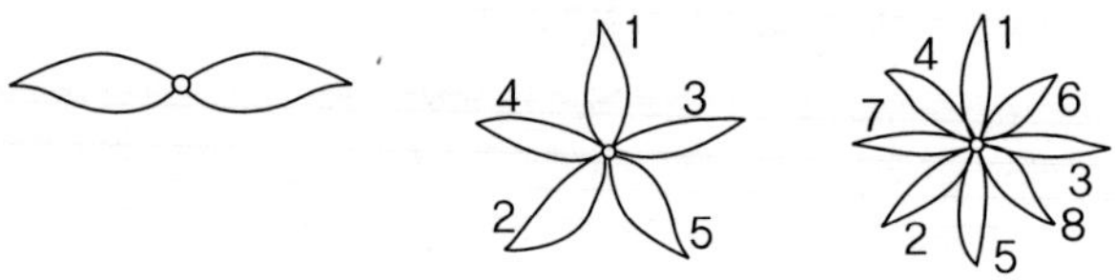

〈그림 3-16〉 잎이 자라는 순서에 따른 잎차례의 회전각도

〈표 3-1〉 황금비의 잎 성장 비율을 갖는 식물 이름

잎 성장 비율[4]	식물 이름
$\frac{2}{3}$	볏과 식물, 느릅나무
$\frac{1}{3}$	벗과 식물, 검은 딸기, 너도밤나무, 개암나무
$\frac{2}{5}$	겨자나무, 개쑥갓, 호랑가시나무, 떡갈나무, 후추나무, 포플러, 사과나무, 자두나무, 벚나무, 살구나무
$\frac{3}{8}$	수양버들, 서양배나무, 등대풀나무
$\frac{5}{13}$	땅버들, 아몬드

꽃잎의 수 식충식물인 피그미아(Drosera pygmaea)처럼 꽃잎 수가 4장인 식물도 있지만, 특정한 식물들의 꽃잎의 수를 살펴보면 피보나치수만큼의 꽃잎을 가지고 있다. 〈표 3-2〉에 몇 가지 예를 들어 보았다. 꽃잎의 수가 피보나치수가 되었을 때, 꽃잎의 본래의 기능인 암술과 수술을 보호하는 역할을 잘 할 수 있다. 즉, 꽃잎들이 이리저리 겹치며 가장 효율적인 모양으로 암술과 수술을 감싸는데 필요한 꽃잎의 수가 피보나치수가 이상적이라고 보는 것이다. 꽃잎의 수는 식물의 유전적인 특성에 따라 다른 수를 취한다고 볼 수 있다.

4) 잎이 자라나는 순서에 따른 각의 크기가 360도에 대해 어떻게 나타나는지를 나타낸 것. 즉, $\frac{2}{3}$는 $360\times\frac{2}{3}=240$으로 계산해서 240도의 회전 각도가 나타난다.

〈표 3-2〉 피보나치수에 맞는 꽃잎을 가진 식물

꽃잎의 수	식물 이름
1	화이트 백합
2	털이슬, 등대풀
3	백합, 붓꽃
5	채송화, 동백꽃, 미나리아재비, 무궁화, 매발톱꽃, 들장미, 참제비고깔
8	코스모스, 참제비고깔, 양귀비
13	금잔화, 시네라리아, 개쑥갓
21	애스터, 쑥부쟁이, 노랑데이지, 치커리, 꽃상추
34	질경이, 제충국, 데이지
55	아프리카 데이지, 까실쑥부쟁이, 기타 국화과
89	까실쑥부쟁이, 기타 국화과

또한 식물에는 황금나선(대수나선)이 나타나기도 한다. 이후에 자세히 살펴보겠지만, 식물에서 나타나는 나선이 피보나치수와 관련이 있다는 것과 두 숫자의 비율이 항상 황금비에 가까운 수가 된다는 것을 알 수 있다. 식물의 나선은 달팽이 껍질의 나선이나 황금직사각형에서 만들어지는 대수나선의 형태와 비교됨으로써 나선 형태로 특징 지워지는 또 하나의 생명의 원리로 간주할 수 있다. 이 나선의 형태는 덩굴식물, 줄기에서 잎의 배아 배열, 솔방울 포의 배열, 데이지의 작은 꽃잎 등의 식물에서 살펴볼 수 있을 뿐만 아니라, 동물에서 산양의 뿔, DNA의 2중 나선, 달팽이관, 근육세포 등 생물체들이 가지고 있는 다양하고 아름다운 나선 형태를 발견할 수 있다.

씨앗 열 피보나치수나 황금비가 나타나는 식물의 특징을 살펴보자. 먼저 해바라기의 씨앗 열이 나선형으로 된 소용돌이 분포를 이룬다. 각각의 씨앗은 왼쪽 방향으로 돌아나가는 나선 하나와 오른쪽으로 돌아나가는 나선 하나씩에 반드시 속한다. 왼쪽 방향의 나선을 어렵게 헤아려 보면 놀라운 사실을 발견하게 된다. 그 수가 결코 무작위가 아니라 피보나치수를 나타내는 것이다.

〈그림 3-17〉 해바라기 씨앗 열

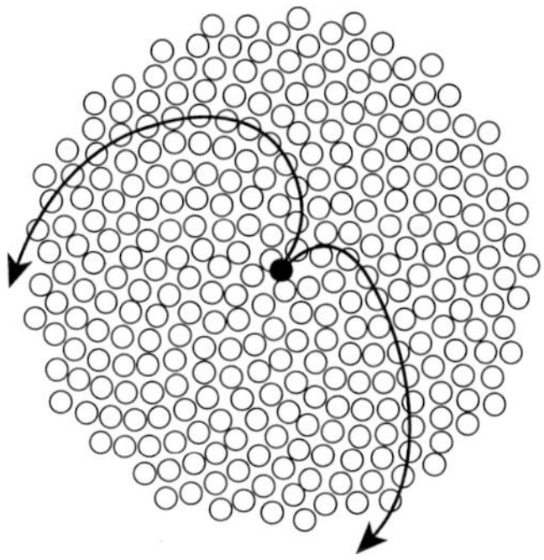

〈그림 3-18〉 해바라기 씨앗의 대수나선

해바라기의 종류에 따라 다 자란 해바라기 씨앗 열의 수를 세어 보면, 한 방향이 34개이면 다른 방향은 55개이고, 한 방향이 55개이면 다른 방향은 89개이다. 해바라기 씨앗 열에 따른 씨앗의 수를 세어보면, 피보나치수인 21, 34, 55, 89, 144, 233 등이다. 물론, 모든 해바라기의 씨앗 열이 정확하게 피보나치수로 이루어진 것은 아니며 예외도 있지만, 성숙한 해바라기의 씨앗 열은 대체로 피보나치수로 되어 있다. 그럼에도 불구하고, 예외적인 경우라 하더라도, 해바라기 씨앗 열의 수는 피보나치수와 이웃한 수가 나타나며 이 수들의 비는 황금비에 아주 가까워진다. 이것은 각 열이 직선으로 된 방사형 분포에 비해 더 많은 수의 씨앗을 밀착시키므로 밀도를 높게 하고, 비바람에도 잘 견딜 수 있게 하는 분포이기 때문에 황금나선(대수나선)의 형태를 가지는 것이다. 즉, 피보나치 수열의 구조를 가져야 나선들의 회전율 중 가장 밀집도가 높은 나선을 만드는 형태가 된다. 아르망 에르스코비치(Armand Herscovici, 1939년~)는 해바라기 씨의 구조에 대해 다음과 같이 언급하였다.

이 구조를 자세히 들여다보면 아주 놀라운 두 가지 사실을 발견할 수 있다. 첫째로는 하나같이 로그나선(대수나선)의 형태를 가지고 있다는 것이다. 그리고 둘째는 정말 신기한 일인데, 그것은 시계 방향으로 도는 나선의 수효와 반시계 방향으로 도는 나선의 수효가 피보나치 수열에서 나오는 연속된 수항과 일치한다는 사실이다. 이 곡선은 수학에서 흔히 로그나선이라고 하는 것이다. 이 나선이 수많은 자연물에서 발견되고 있는데 그 대표적인 예가 달팽이 껍질이다.

이러한 형태는 비단 해바라기씨에만 해당하는 것은 아니다. 파인애플의 겉표면을 둘러싼 6각형 모양을 살펴보면 마주보는 두 대변을 따라 3줄의 열을 볼 수 있다. 나선의 수의 비는 8 : 13 : 21을 이루며, 이 피보나치 수열의 구조 역시 빈틈을 빼곡히 메울 수 있게 하기 위한다는 것이다. 이로 인한 파인애플의 속을 보호할 수 있도록 단단한 외피를 만들게 된다.

〈그림 3-19〉 파인애플 씨앗 열의 배열

또한 솔방울의 포는 소나무 잎들이 좁은 공간에 압축되어 변형된 것인데 나선형 배열을 이루며 한 열은 왼쪽 아래에서 오른쪽 위로, 한 열은 오른쪽 아래에서 왼쪽 위로 전행한다. 나선의 수를 세어보면 이 역시 8:13 또는 13:21로 피보나치 수열의 인접한 항이며 비율도 황금비에 가깝다.

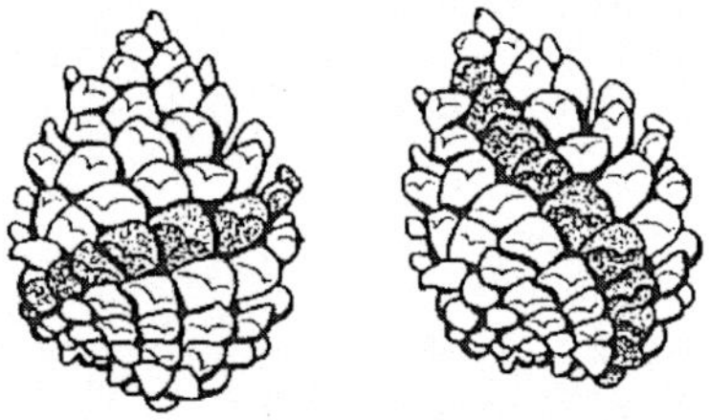

〈그림 3-20〉 솔방울의 씨앗 열

동물 곤충들의 몸도 사람의 신체와 마찬가지로 황금비를 이루는 부분들이 있다. 꿀벌은 머리와 가슴을 합한 부분의 길이와 배 부분의 길이 비율이 황금비를 이룬다(〈그림 3-21〉 참고). 나비의 몸에서 날개를 펼친 나비의 전체 높이는 머리에 의해 황금비로 나누어진다. 머리를 제외한 몸통 부분은 가슴 부분과 배 부분으로 나누어지는데 그 길이의 비가 황금비를 이루며 윗날개와 아랫날개가 접하는 지점이 윗날개의 길이와 아랫날개의 길이를 황금분할한다(〈그림 3-22〉 참고).

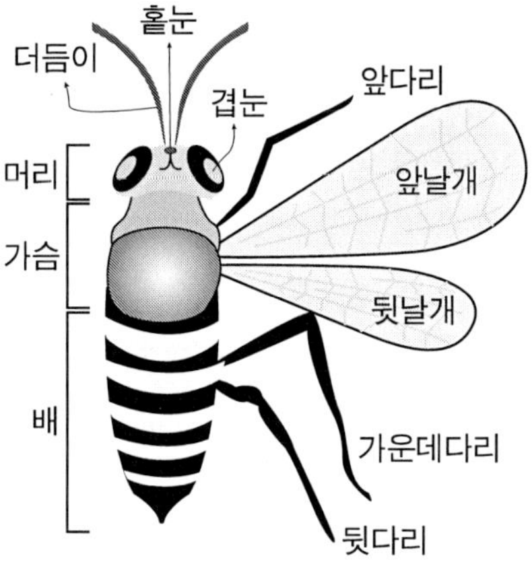

〈그림 3-21〉 꿀벌의 부분에서 볼 수 있는 황금비

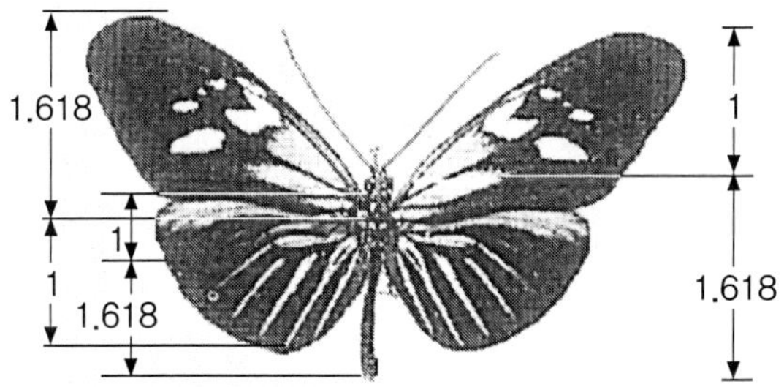

〈그림 3-22〉 나비의 부분에서 볼 수 있는 황금비

가젤영양의 몸에서 등 전체의 길이는 뒷다리의 가랑이 지점에 의해 황금분할되고 바닥에서 뿔까지의 총 높이는 어깨지점에 의해 황금분할되며, 머리의 총 길이는 눈의 위치에 의해 황금분할된다. 또 등까지의 총 높이는 뒷다리가 몸과 만나는 부분에 의해 황금분할된다(〈그림 3-23〉 참고).

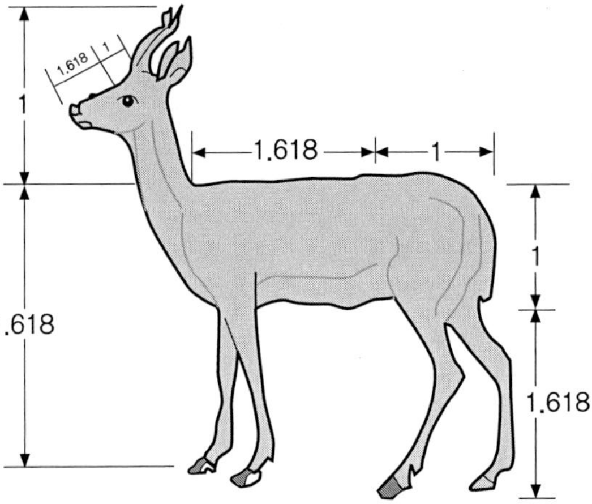

〈그림 3-23〉 가젤 영양의 부분에서 볼 수 있는 황금비

물고기 중 바스의 몸도 아가미 지느러미의 끝 부분에 의해 몸 전체가 황금분할되고 배 부분에 달린 뒷지느러미에 의해 몸 전체 길이가 황금분할된다(〈그림 3-24〉 참고). 바스와 유사한 형태를 가진 물고기들 역시 황금비를 가지고 있다. 불가사리의 별모양은 주로 정오각형을 띄며, 많은 황금비를 담고 있다(〈그림 3-25 참고). 사과나 배의 씨 배열도 마찬가지로 정오각형을 기본으로 하는 별 모양이다(〈그림 3-26〉 참고).

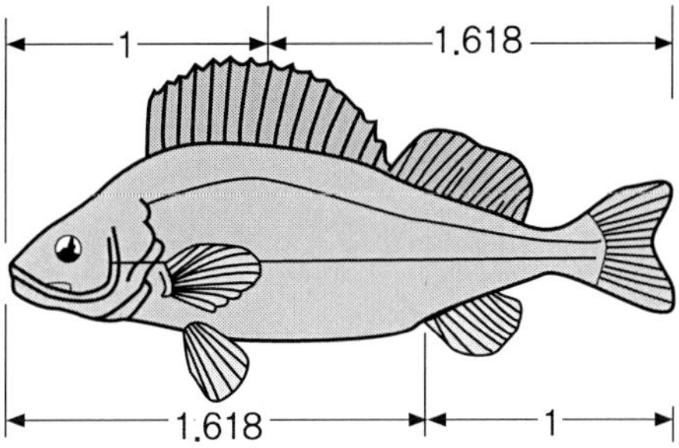

〈그림 3-24〉 바스의 부분에서 볼 수 있는 황금비

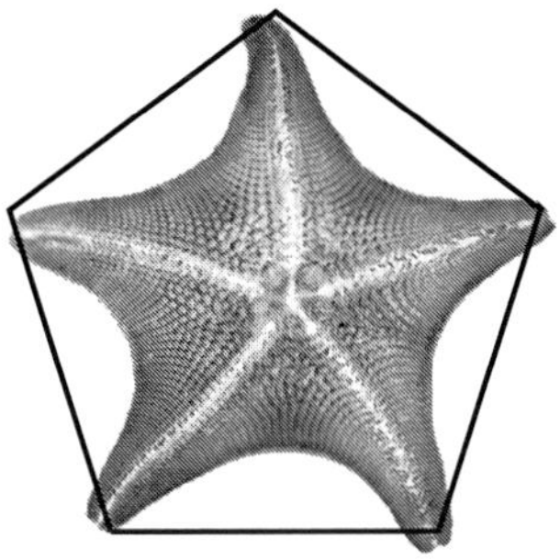

〈그림 3-25〉
불가사리에서 볼 수 있는 황금비

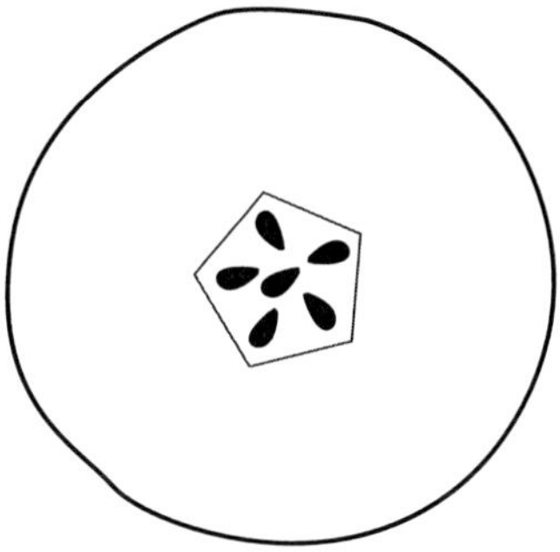

〈그림 3-26〉 사과 종단면에서
볼 수 있는 황금비

여러 종류의 나선형 동물은 작은 수정란에서부터 개체로 성장하면서 그 껍질이 모양과 비율을 그대로 유지하면서 성장하는 구조이다. 따라서 성장 초기부터 그 형태를 그대로 보존하는 동물에 해당된다. 대수나선은 달팽이나 조개, 소라 등의 나선형 동물에게 분명히 의미 있는 기하학적 성질이 분명하다. 게나 가재와 같이 몸에 단단한 외피를 가지고 있는 갑각류나 파충류는

몸이 성장함에 따라 여러 번 탈피가 불가피하다. 탈피는 양분과 에너지의 낭비이고, 천적에게 노출되기 때문에 여간 성가신 것이 아니다. 그러나 조개나 달팽이, 소라는 단단한 외피를 가지고 있지만 가재나 게처럼 탈피를 하는 낭비를 하지 않는다. 나선형 껍질의 입구 쪽에 계속 석회질을 발라나가기만 하면 자신의 신체 모양을 그대로 유지하면서 외피를 키울 수 있기 때문이다. 이것은 껍질이 크기를 확대하여도 모양이 변하지 않는 대수나선 형태를 하고 있기 때문이다. 소라의 대수나선을 이와 같이 설명하는 것이 전적으로 옳지는 않겠지만 상당히 설득력이 있을 것이다. 어째든 이 점에 있어 내수나선은 분명히 생명의 곡선이라고 볼 수 있다.

〈그림 3-27〉 소라에서 볼 수 있는 나선 모양

건축에서의 황금비

고대 황금비를 나타내는 대표적인 고대 건축물이 두 가지 있다. 첫째는 이집트의 피라미드이다. 피라미드의 밑면의 중심으로부터 밑면의 한 변에 이르는 거리와 피라미드의 꼭짓점에서 밑면의 한 변에 이르는 거리가 황금비에 아주 가까운 값을 이룬다. 뿐만 아니라 피라미드의 높이를 제곱한 값과 피라미드의 밑면의 중심으로부터 밑면의 한 변에 이르는 거리와 황금비를 이루게 된다. 또 하나 놀라운 사실은 높이에 2와 원주율을 곱하면 ($2\pi\sqrt{\phi}$), 피라미드의 둘레값을 얻을 수 있다. 이는 피라미드의 둘레가 피라미드의 높이를 반지름으로 하는 원의 둘레와 같다는 의미이다.

〈그림 3-28〉
피라미드

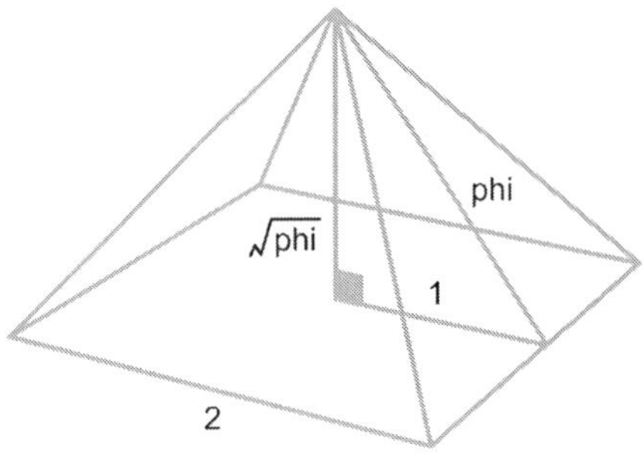

〈그림 3-29〉 피라미드의 황금비

둘째는 파르테논 신전이다. 기원전 497년에 침공한 페르시아에 의해 아테네 전 시가지는 물론 아크로폴리스에 있던 모든 건물들이 파괴되어 버렸다. 파르테논은 기원전 447년에 건축하기 시작하여 기원전 438년까지 계속되었는데, 이때부터 신전으로 쓰기 시작한 것이다. 파르테논 신전이 그토록 아름답게 보이는 것은 아름다운 대리석의 장식과 수학이 잘 어울려 조화를 이루는데 있다. 즉, 신전 각 부분이 정확하게 기하학적인 비율로 되어 있다는 점이다.

파르테논 신전의 외부 윤곽은 완벽한 황금직사각형이다. 뿐만 아니라 신전 기둥의 윗부분은 전체 높이를 황금분할하고 가운데 두 기둥은 신전의 가로 길이를 각각 황금분할한다. 또 제일 아래 기단의 가로를 한 변으로 하고 기둥의 높이를 다른 한 변으로 하는 직사각형은 황금직사각형 두 개를 붙여놓은 것과 같음을 발견할 수 있다.

〈그림 3-30〉파르테논 신전

〈그림 3-31〉 파르테논 신전의 황금비

현대 현대에는 주세페 테라니(Giuseppe Terragni, 1904년~1943년)라는 건축가가 설계한 건축물들에서 황금비를 찾아볼 수 있다. 그는 르 꼬르뷔제의 영향을 받았다. 그래서 그의 건축은 항상 정사각형, 황금비, 겹쳐진 정사각형(overlapping square)으로 구성되어 있다. 그의 대표적인 건물로는 "카사 델 파쇼(Casa del Fascio)"가 있다(〈그림 3-32〉 참고). 이 건물은 정사각형과 황금비를 주제로 만들어져 있다. 이 건물에서 황금직사각형을 쉽게 찾아볼 수 있다.

〈그림 3-32〉 주세페 테라니의 카사 델 파쇼

미술에서의 황금비

조각상 우리가 익히 알고 있는 많은 미술 작품에서도 황금비를 찾을 수 있다. 많은 회화 작품, 부조, 조각품 등에서 황금비를 찾아내거나 확인할 수 있다. 황금비는 작품 전체의 조화로운 분할에 기여하기도 하고, 다른 한편으로 중요한 부분을 특별히 강조하는 역할도 한다. 주어진 정사각형의 변들을 황금분할로 나누면 네 개의 특별한 직선과 특별한 점을 얻게 된다. 이 직선 또는 점들이 작품에서 균형을 잡게 하는 기준이 되는 것이다.

먼저 우리나라의 금동미륵보살반가사유상을 살펴보자. 앉아 있는 모습의 거의 대부분이 황금비로 이루어졌는데 가장 정확하게 말하자면 가로의 길이로 반가사유상의 왼쪽 발끝에서부터 오른쪽 얼굴까지의 길이와 얼굴 너비는 황금비를 이룬다. 세로의 길이로 바닥에서 접혀있는 다리까지의 길이와 상체의 길이, 얼굴에서 모자의 높이와 나머지 얼굴의 높이 등 8 : 13 또는 34 : 55의 비를 보이고 있다.

〈그림 3-33〉 금동미륵보살반가사유상에서 볼 수 있는 황금비

고대 그리스 시대의 조각상에서도 황금비를 찾아 볼 수 있다. 그 중 대표적인 조각상으로 밀로(Milo)의 비너스일 것이다. 이 대리석 조각은 높이 204cm에 제작연도는 기원전 2세기에서 기원전 1세기 초로 추정되고 있다. 이 밀로의 비너스는 멜로스의 아프로디테*Aphrodite of Melos*라고도 한다. 1820년 4월 8일 에게해

에 산재하는 키클라데스제도 중 하나인 밀로스섬(밀로섬 또는 멜로스섬)에 있는 아프로디테 신전 근방에서 밭을 갈던 한 농부에 의해 발견되었다. 이 때, 마침 이 섬에 정박 중이던 프랑스 해군이 이것을 입수하여 다음해 리비에르 후작의 손을 거쳐 루이 18세에게 헌납되었다. 그리하여, 왕명으로 1821년 루브르미술관에 소장되었다. 발견 당시 이 여신상은 고전기(古典期)의 거장 브락시테레스(Praxiteles, ?~?)[5]의 원작이라고 떠들썩하였으나, 그 후 연구 결과 현재는 기원전 2세기에서 기원전 1세기 초에 제작되었으리라는 설이 유력하다. 품위 있는 머리 부분이라든지 가슴에서 허리에 걸친 우아한 몸매의 표현에는 기원전 4세기적인 조화를 보이기도 하지만, 두발의 조각과 하반신을 덮는 옷의 표현은 분명히 헬레니즘의 특색을 나타내고, 그 고전적인 자태는 헬레니즘의 극단적인 사실주의에 대한 반동으로, 고전 양식의 부활이라는 당시의 풍조에서 태어난 걸작이다. 그리하여, 기원전 4세기에 만들어진 작품을 기원전 2세기에서 1세기사이에 모작으로 만들어졌다고 본다. 허리부분을 단면으로 하여 상하 두 개의 대리석으로 이루어져 있으며 양팔이 없다. 그 없는 부분에 대해서는 그 제작연대와 마찬가지로 고고학자나 미술사가 사이에서 계속 많은 고찰이 있었다. 결국 오른손은 왼쪽 다리 위로

5) 기원전 370년부터 기원전 330년까지 주로 활약. 기원전 330년경 사망했다고 추정

〈그림 3-34〉 밀로의 비너스

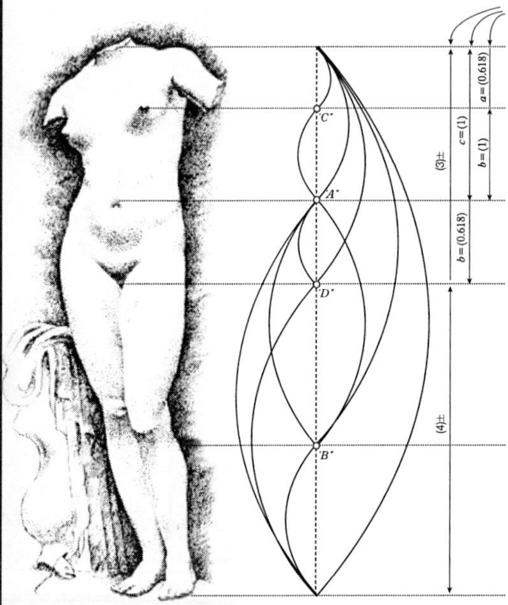

〈그림 3-35〉 비너스 상에서 볼 수 있는 황금비

내려지고 왼손은 팔을 앞으로 내민 손바닥에 사과를 들고 있었을 것으로 추정되고 있다. 이렇게 밀로의 비너스에 관심을 가지고 이 상이 아름답다고 말하는 이유 중에 하나는 이것이 그리스 신화에 나오는 미의 여신이기 때문이기도 하겠지만, 이 조각상 속에 든 황금비 때문일 것이다. 이 상의 머리에서 배꼽까지의 길이와 배꼽에서 발끝까지의 길이가 황금비를 이루고 있으며, 오른쪽 다리의 발끝에서 무릎까지의 길이와 무릎에서 왼쪽 골반 끝까지의 길이도 황금비를 이룬다.

로마의 알바니 빌라에 있는 디오니소스의 행렬이라는 부조에서도 황금비를 바탕으로 한 직선을 기준으로 만들어졌음을 알 수 있다. 바이덴스(Rogier van der Weydens, 1400년~1464년)가 제단에 그려 넣은 그리스도를 십자가에서 내려놓는 장면이 바로 그 예이다(〈그림 3-36〉 참고). 위로 솟아오른 사각형의 양 변이 제단의 넓이와 황금분할의 관계에 있게 그려진 것이다.

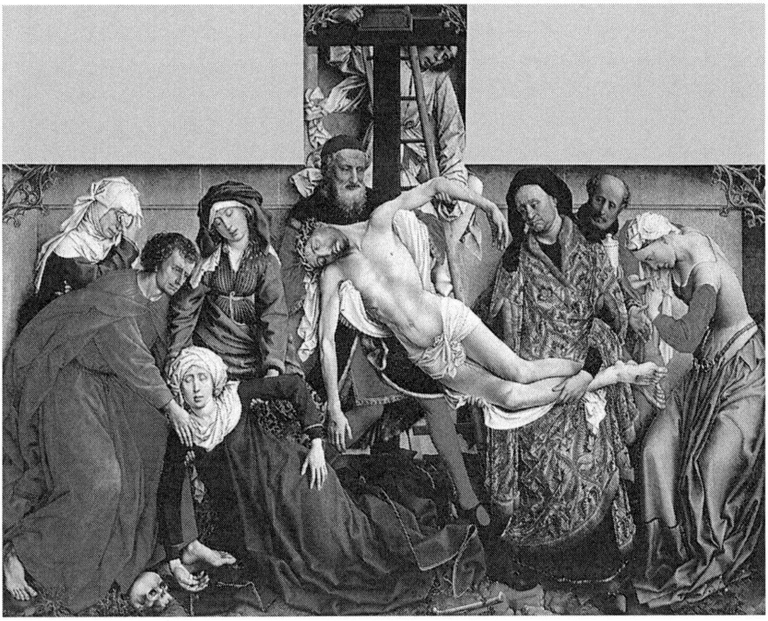

〈그림 3-36〉 십자가에서 내리심(1435).
벨기에의 노트르담 대성당 소유.

회화 레오나르도 다빈치(Leonardo da Vinci, 1452년~1519년)가 그린 최후의 만찬에서도 황금분할을 찾을 수 있다. 최후의 만찬은 유화로써, 420×910cm 크기로 1495년~1497년에 제작되었으며, 현재 밀라노 산타 마리아델 그라체 성당이 소유하고 있다. 이 최후의 만찬에서 각각의 소품들이 황금분할의 기준이 되고 있다. 그리스도 뒤편의 창문 위쪽의 가로선과 식탁위의 음식접시는 그림 전체의 높이를 황금분할한다. 세 개의 창문이 있는 벽에서 맨 왼쪽 창문을 기준으로 황금분할이 되기도 하며, 반대로 맨 오른쪽 창문을 기준으로 황금분할되기도 한다. 창문의 있는 벽은 세 개의 창문 중 가운데 창문에 의해 다시 황금분할된다(〈그림 3-37〉 참고).

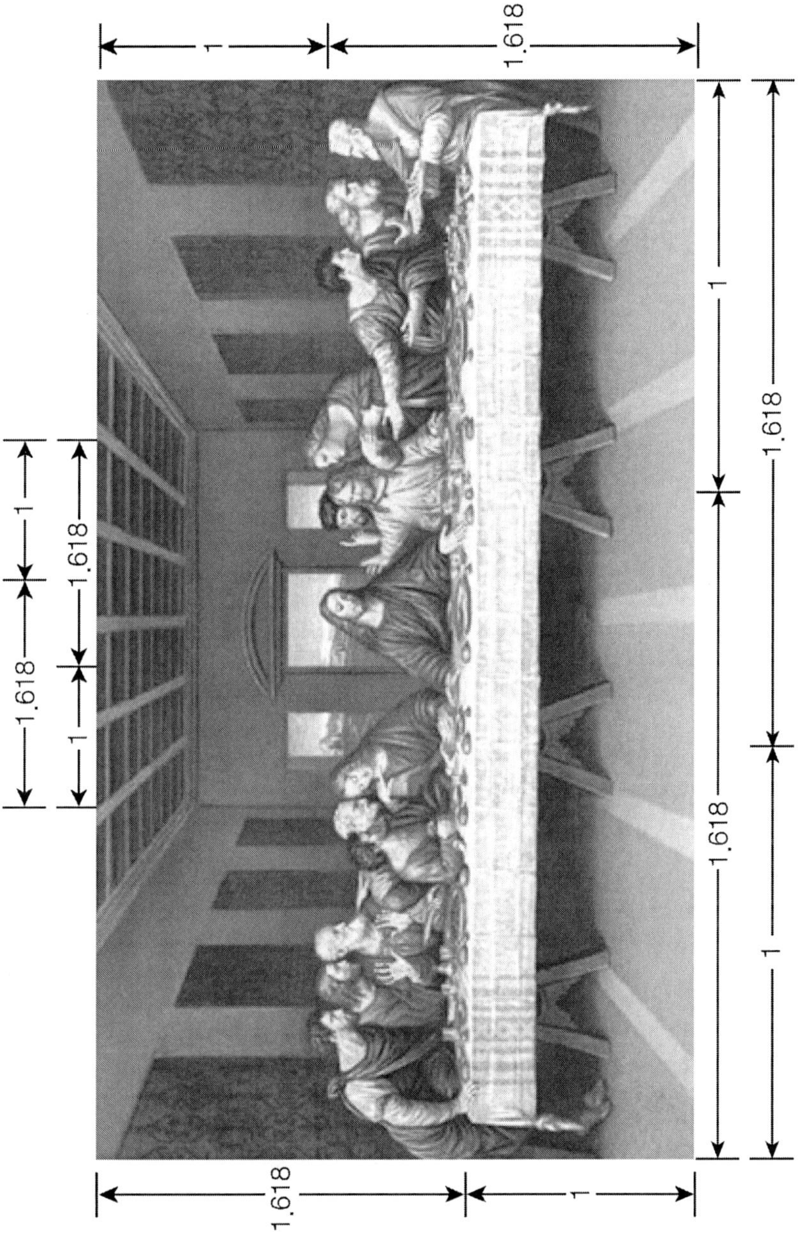

〈그림 3-37〉 '최후의 만찬'과 황금비

라파엘(Sanzio Raffael, 1483년~1520년)의 그림 〈아담과 이브*Adam and Eve*〉에서 이브가 선악과를 저항할 수 없다는 눈길로 바라보고 있다. 이는 금단의 열매의 유혹 때문이기도 하지만 이 열매가 위치하는 선이 정확이 〈아담과 이브〉의 높이와 황금분할을 이루고 있기 때문일 것이다(〈그림 3-38〉 참고).

〈그림 3-38〉 '아담과 이브'와 황금비

또 다른 라파엘의 작품인 로마의 파르네시아 빌라에 그려져 있는 프레스코화 〈갈라테아*Galatea*의 승리〉(1511)는 두 부분으로 나뉘어있다. 한 부분에는 바다의 여신과 그의 호위병들이 또 한 부분은 날아다니는 사랑의 꼬마 요정과 에로스(Eros)가 그려져 있다. 〈갈라테아의 승리〉의 높이를 아래쪽을 긴 부분으로 하여 황금분할하면 이브의 이마의 고수머리를 스치는 선이 생겨나는데 이 선은 어리석은 자를 하늘의 영역에서 갈라내는 것이라 해석할 수 있다. 이와 같이 〈갈라테아의 승리〉를 분할하는 것은 같은 것과 다른 것 사이의 긴장이 적절한 비례를 가지기 때문에 아주 조화로운 것으로 여겨진다. 그래서 많은 예술가들이 의식적이든 그렇지 않든 대체로 정확하게 이러한 분할 방식을 채택하였다. 르네상스 시대의 그림들에서 특히 빈번하게 황금분할이 나타난다(〈그림 3-39〉 참고).

〈그림 3-39〉 '갈라테아의 승리'와 황금비

라파엘이 그린 유명한 〈시스틴의 성모*Sistine Madonna*〉(1513년~1514년)에서 황금분할은 아주 적나라하게 드러난다. 이 그림의 높이를 황금분할하는 수평선은 정확히 마돈나의 상체와 하체를 나누는 것과 동시에 식스투스(Sixtus)와 바바라(Barbara)의 얼굴을 잇고 있다. 또한, 아랫부분에서 다시 한 번 윗부분을 긴 부분으로 하여 황금분할하면 그 선은 정확히 마돈나의 오른발 끝과 만난다. 다시 전체 그림의 높이를 위쪽을 긴 부분으로 하여 황금분할하여 생기는 선 역시 그림에서 대응하는 부분을 찾을 수 있다. 즉 이 선은 작은 돌풍이 일어나는 것처럼 보이는 지점에서 마돈나의 옷과 만나고 있다(〈그림 3-41〉 참고).

〈그림 3-40〉 시스틴의 성모

〈그림 3-41〉 시스틴의 성모와 황금비

레오나르도 다빈치는 황금분할을 즐겨 사용했다. 그러므로 레오나르도가 자신의 그림에 묘사된 형상들에 황금분할을 도입한 것은 결코 놀랄만한 일이 아니다. 파리 루브르 박물관에 있는 〈모나리자*Mona Lisa*〉는 얼굴 외곽의 사각형은 완벽한 황금직사각형이 된다. 두 눈동자를 잇는 선은 얼굴의 아래와 위를 황금분할한다. 그림에서 가슴선은 손등 위까지의 상체부분을 황금분할하고 손등을 지나는 선은 가슴부터 아래의 상체부분을 황금분할한다.

〈그림 3-42〉 모나리자

〈그림 3-43〉 '모나리자'와 황금직사각형

〈그림 3-44〉 모나리자와 황금삼각형

하겐마이어(Otto Hagenmaier, 1914년~1979년)는 이 그림에서 그림틀을 밑변으로 하는 황금삼각형이 나타난다고 해석한다. 프리드리히 슐츠(Friedrich Schulz, 1897년~1976년)는 배경을 이루는 다음 주요 세 부분, 즉, '로기아의 아래 어두운 부분', '로기아의 난간에 해가 비치는 갈색의 중간 부분에서 언덕의 실루엣까지', '청록색의 안개에 덮인 산꼭대기 부분'이 황금분할의 비례로 구성되어 있다고 설명하였다. 하지만, 이 해석들 중 어떤 것도 그림의 중요 부분과 그다지 많은 관계가 있어보이지는 않는다.

알브레히트 뒤러(Albrecht Dürer, 1471년~1528년)는 잘 알려진 것처럼 수많은 이론적 연구를 행하였다. 우리가 펼쳐온 논의와 관련해서 흥미로운 것은 자신의 저서 '측량 지도*Underweysung der messung*'(1525)에서 원에 내접하는 정오각형을 작도했다는 사실이다. 그래서 뒤러 역시 자신의 그림에서 황금분할을 사용했을 것이라는 추측을 배제할 수 없다. 그렇지만 그는 자신의 이론적 저작 어디서도 황금분할에 관해서 언급한 바가 없다. 그의 그림 중 뮌헨의 자화상(1500)을 살펴보도록 하자(〈그림 3-45〉, 〈그림 3-46〉 참고). 이 엄숙해 보이는 그림은 늘 연구와 해석의 대상이 될 만한 동기를 제공해 왔다. 그 중에서도 프란츠 빈칭어(Franz Winzinger)의 구성의 틀은 그림 속의 형상에 대한 비밀을 둘러싼 논쟁을 유발시켜왔다. 빈칭어의 해석은 뒤러가 드레스덴에서 작업할 당시의 스케치북에 달아 놓은 주해로 입증이 되기도 했다. 빈칭어는 다음과 같이 쓰고 있다.

> 이제 그림으로 눈을 돌려 보면 대충 훑어보고 지나가는 관람객들의 눈에도 머리와 굽실거리는 고수머리가 규칙적인 삼각형을 이룬다는 사실이 특징적으로 보이게 된다. 꼭짓점이 그림틀의 윗변의 중점과 일치하는 이등변 삼각형일 뿐만 아니라 이 삼각형의 밑변은 그림 전체의 높이를 정확히 황금분할하는 선 위에 있다는 것을 알게 된다.

황금삼각형의 밑변은 하얀 셔츠 부분의 아래 꼭짓점하고도 만난다. 게다가 얼굴의 경계선을 이루는 것처럼 보이는 두 개의 수직선 역시 그림의 넓이와 거의 황금분할의 관계에 있다는 것이 눈에 띈다.

〈그림 3-45〉 뒤러의 자화상

〈그림 3-46〉 뒤러의 자화상과 황금비 및 삼각형

19세기 후반에 이르러 황금분할은 수많은 예술이론 관련 서적에서 다루어졌다. 그 중 특히 폴 세뤼지에(Paul Sérusier, 1864년~1927년)는 마틸라 가이카(Matila Ghyka, 1881년~1965년)의 '황금수*Le Nombre d'Or*'(1931)에 지대한 영향을 끼쳤다. 세뤼지에의 아이디어는 입체파 화가들이 많이 사용하였다. 자크 비용(Jacques Villon, 1875년~1963년)은 1911년 가을부터 이러한 경향의 화가들을 모았다. 이렇게 형성된 그룹은 1912년 10월에 파리 보에티(Boétie) 갤러리에서 황금의 분할*Le Section D'Or*이라는 표제의 전시회를 열어 많은 주목을 받았다. 아마도 이 제목은 황금분할을 염두에 두고 설정하였을 것이다. 이 제목을 제안했던 비용은 다음과 같은 말을 하기도 했다.

> 중세 시대에 그림을 그리기 전에 기도를 했던 것처럼 나는 스스로에게 처음부터 자신을 불어넣기 위해서 황금분할에 의지한다.

전시회의 표제를 이처럼 암시적으로 설정한 까닭은 이 전람회 자체가 예술 작품에서 황금분할의 사용을 장려하기 위해서가 결코 아니라는 것을 뜻한다. 전시회에 출품한 화가들 중 거의 누구도 '기하학적 비례'라는 주제를 진지하게 다루지는 않았으며, 당시 관람객 대부분 그 전람회를 순수하게 입체파의 전시회로 여겼던 것이다. 아마도 전시회의 표제 역시 많은 이들에게 특정하지 않은 넓은 의미로 받아들여졌을 것이다.

불뢰(Charles Bouleau, 1906년~)는 네덜란드 화가인 피에트 몬드리안(Piet Mondrian, 1872년~1944년)에 대하여 다음과 같이 쓰고 있다.

프랑스의 화가들은 차갑고 무자비한 네덜란드인 몬드리안이 했던 것처럼 순전히 기하학적 도형을 다룬다거나 황금분할을 엄격하게 사용하는 것은 감히 엄두도 내지 못하였다.

아래의 몬드리안의 그림에서 위쪽의 빨간 큰 정사각형의 한 변의 길이와 아래쪽 큰 직사각형의 세로의 길이가 황금비이다. 아래쪽 큰 직사각형은 황금사각형이고 그 안의 작은 직사각형도 모두 황금사각형임을 알 수 있다.

〈그림 3-47〉 'Komposition mit grober roter Fläche, Gelb, Schwarz, Grau, and Blau'(1921)와 황금비

수많은 미술 작품에서 커다란 관심의 초점이 중앙에만 놓여있지 않고 가장자리로 옮겨가는 것 역시 그다지 놀라운 일은 아니다. 이 때 비로소 0.6과 0.7 사이의 값을 가지는 비를 자주 발견하게 되는 것이다. 공간의 배열과 관련된 조형예술에서도 마찬가지로 많은 사례를 들 수 있다. 모든 예술 작품에서 이 비가 본질적으로 동일한지 또는 0.6인지 $\frac{2}{3}$인지 ϕ인지 $\frac{\pi}{5}$인지 또는 유리수인지 무리수인지 냉철하게 관찰하여 판단할 수 있지 않다. 분명한 사실은 이 비가 모두 단순성과 복잡성, 긴장과 이완, 확실성과 의외성, 빛과 어둠, 이해와 난해 사이에서 균형을 나타내는 것이라는 점이다.

십자가 예술 작품뿐만 아니라 우리가 일반적으로 많이 볼 수 있는 십자가 역시 황금비를 이루고 있다. 십자가의 교차점에서 세로로 위의 꼭짓점, 가로의 좌우 양끝 꼭짓점까지의 길이는 서로 같다. 그리고 교차점에서 위의 꼭짓점에 이르는 거리와 교차점에서 아래의 꼭짓점까지의 거리가 $1 : \frac{1+\sqrt{5}}{2}$이고, 가로와 세로의 길이의 비가 $2 : \frac{3+\sqrt{5}}{2}$이다. 일반적인 십자가뿐만 아니라 로트링겐(Lothringen) 십자가라고 불리는 십자가도 황금비로 이루어져 있다(〈그림 3-48〉 참고). 이 로트링겐 십자가는 1940

년 프랑스의 드골(De Gaulle, 1890년~1970년) 장군이 자유 프랑스의 상징으로 이 십자가를 쓸 것을 제안하여 서구 세계에 알려지게 되었다(〈그림 3-49〉 참고). 로트링겐 십자가에 황금비가 존재함을 알게 된 것은 가드너(Martin Gardner, 1914년~)가 1959년 「Scientific American」에 낸 문제 때문이었다. 로트링겐 십자가는 한 변의 길이가 1인 정사각형 13개로 구성되어 있다. 〈그림 3-50〉과 같이 점 A를 거쳐 직선을 그어 십자가 전체의 넓이가 반으로 나눠지도록 하는 것이 문제이다. 그리고 이 직선은 자와 컴퍼스만 가지고 작도해야 한다.

〈그림 3-48〉
로트링겐 십자가

〈그림 3-49〉 자유 프랑스 국기
1941년~1945년 사용

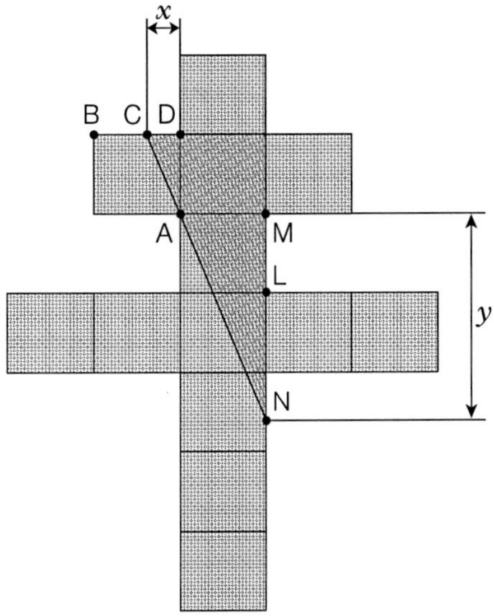

〈그림 3-50〉 로트링겐 십자가와 황금비

로트링겐 십자가에 황금비가 있음을 알아보자. 구하는 직선을 선분 $\overline{CN}$이라고 하자. 정사각형의 개수를 헤아려 보면 점 N은 아래쪽 기둥 밑에 있어야 한다는 것을 알 수 있다. $x=\overline{CD}$라 하고 $y=\overline{MN}$이라 하자. $\overline{CN}$ 왼쪽의 넓이는 $\frac{13}{2}$이므로, 빗금 친 삼각형의 넓이는 $\frac{13}{2}-4=\frac{5}{2}$이다. 따라서 $(x+1)(y+1)=5$이다. 삼각형 $\triangle CDA$와 $\triangle AMN$은 닮음이므로, $x:1=1:y$이고 $xy=1$ 즉, $y=\frac{1}{x}$이 된다. 이를 위의 식에 대입하면,

$$(x+1)\left(\frac{1}{x}+1\right)=5$$

$$x+\frac{1}{x}=3$$

$$x^2-3x+1=0$$ 6)

$$(x-\phi^2)(x-\phi^{-2})=0$$

$$x=\phi^2,\ x=\phi^{-2}$$

$$\therefore x=\phi^{-2}\quad(\because x<1)$$

이는 $\overline{\mathrm{BD}}$를 $\overline{\mathrm{BC}}=1-\phi^2$이고 $\overline{\mathrm{CD}}=\phi^{-2}(\therefore x=\phi^{-2}(\because x<1))$가 되도록 황금분할하면 된다는 것을 의미한다. 따라서 황금분할하는 점 C를 찾아 점 A와 연결하면 구하고자하는 직선이 나타난다.

---

6) (제II장 8.황금직육면체 p.55 $a^4-3a^2+1=0$ 참고)

음악에서의 황금비

음악에서도 다른 예술분야와 마찬가지로 쉽게 황금비, 황금분할, 피보나치수를 찾을 수 있다. 우리가 들을 때 아름답다고 생각되는 음악 중에는 일정한 비율을 가진 음들이 존재하기도 한다. 하나의 예로 우리나라에서는 세종대왕(1397년~1450년)이 옛 음악을 정비할 때에 '황종률'이라는 기본 음계를 피리의 전체 길이를 근거하여 다른 음계들을 정하였다는 이야기도 있다.

또한, 우리가 잘 알고 있는 수학자이자 철학자인 피타고라스는 '모든 것의 근원은 수(자연수)'라고 주장하며 수를 바탕으로 음악이론을 세웠다. 그 계기는 어느 날 피타고라스가 대장간 앞을 지나다가 쇠를 치는 소리를 들었다. 그는 무심히 지나치지 않고 쇠를 치는 소리와 공기의 진동수 사이에 깊은 관계가 있음을 알게 되었고, 이것을 근거로 하여 "음(音)과 수(數)" 사이의 관계를 연구하게 되었다. 그는 그 당시 가장 중요한 악기 중의 하나인 하프를 이용하여 실험하였다. 처음 튕긴 줄의 길이를 $\frac{2}{3}$로 줄인 다음 튕겼을 때의 소리는 처음 음보다 4음 높은 소리가 나온다는 것을 알게 되었다. 즉, 처음 소리가 '도'의 소리였다면 $\frac{2}{3}$로 줄인 후의 소리는 '도'음보다 4음 높은 '솔'의 소리가 나게 되고

'도'와 '솔'은 잘 어울리는 조화음이라는 것을 알게 되었다. 또, 처음 '도'의 소리를 냈다고 한다면 줄을 $\frac{1}{2}$로 줄였을 때는 '도'보다 8도가 높은 한 옥타브 위인 '도'의 소리가 나오며 처음의 '도'와 잘 어울린다는 사실도 발견하였다. 그러므로 하프 줄의 비가 1, $\frac{2}{3}$, $\frac{1}{2}$이 된다면 음의 진동수의 비는 이 수들의 역수, 즉 1, $\frac{3}{2}$, 2가 된다는 것이다. 역으로, 현의 길이를 $\frac{3}{2}$으로 늘이면 4음 낮은 음을 얻을 수 있음을 알게 되었다. 또한, 처음에 '도' 소리를 내었다고 하면, 현의 길이를 2배로 하면 한 옥타브 낮은 '도'의 소리를 얻게 된다는 사실을 알게 되었다. 또한, 하프의 처음 줄에서 줄의 길이를 $\frac{8}{5}$로 늘리니 처음 음보다 5음 낮은 소리 라라는 것을 알아내었다. $\frac{8}{5}$의 비는 1초에 약 528번 진동하는 '도'음과 1초에 약 330번 진동하는 '미'음으로 이루어진 $\frac{528}{330}$의 비를 약분한 것이고 이것이 듣기에 아름다운 소리라는 것이다. 이러한 관계로 도와 라, 솔과 도 등의 관계를 밝혀 악기에서 현의 길이의 비례관계를 통해 조화로운 음을 발견하였다. 이와 같은 사실을 건반 위에 나타내보면 다음과 같다.

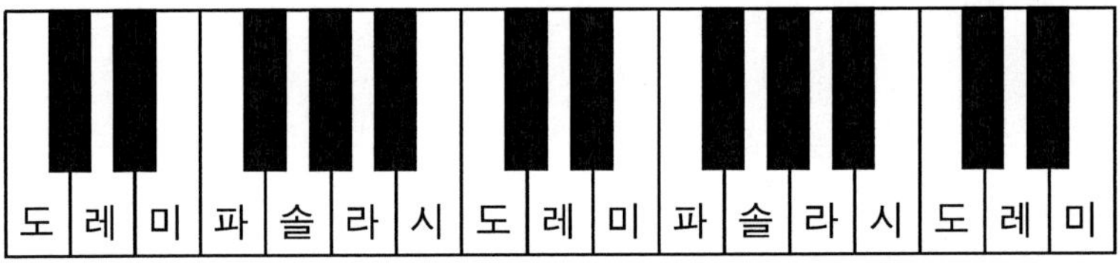

〈그림 3-51〉 황금비가 반영된 피아노 건반

피아노 건반은 흰색 건반 8개와 검은색 건반 5개로 기본 13 옥타브로 구성되어 있다. 또한 검은색 건반은 2개, 3개가 각각 나란히 붙어 있어서 2, 3, 5, 8, 13의 피보나치수로 이루어져 있다. 좀 더 진동수에 초점을 두어 분석해보면, 두 음의 진동수가 피보나치수인 8:5(또는 5:8)의 비를 이루면 음정은 6도 차이로 나타난다. 8:5(=1.6)의 값과 황금분할(=1.618...)의 차는 아주 작으므로 하제(Ernie Haase, 1964년~현존)가 주장하는 것처럼 황금분할은 6도 음정의 화음 영역 안에 들어 있게 된다. 하제의 설명에 따르면 6도 음정은 두 음의 진동수가 서로 황금분할을 이루고 있으며 아주 매력적인 음이라는 것이다. 또한, 그는 다음과 같이 말하였다.

> 아주 재미있는 상호 관계를 파악할 수 있다. 수학적으로 비례 5:8은 황금분할의 근사해 또는 대체값으로 여겨지는 반면 미학적으로 황금분할은 이 간단한 비례를 강조 또는 활성화시키는 것이다.

아주 아름답다고 알려진 음정의 관계가 황금분할을 이룬다는 점을 감안하면 고대 이래로 악기를 만들 때 황금분할을 사용했다는 사실은 그리 놀라운 일이 아니다. 특히 바이올린이나 플루트를 제작할 때 음향을 아름답게 하기 위한 비법으로 황금분할을 사용하였다고 한다. 그리스 사람들은 특히 수에서의 비를 이성을 뜻하는 "로고스(Logos)"라는 이름으로 불렀는데, 그 이유는 그들이 이것을 이성처럼 세상에서 가장 확고하고 아름다운 법을 상징하는 것으로 믿었기 때문이다.

르네상스 이후에 황금분할은 단지 우연히 발견되는 정도에 지나지 않았다. 바흐(Johann Sebastian Bach, 1685년~1750년)의 푸가(Fugue)와 하이든(Franz Joseph Haydn, 1732년~1809년) 현악사중주, 베토벤(Ludwig van Beethoven, 1770년~1829년), 모차르트(Wolfgang Amadeus Mozart, 1756년~1791년)의 곡에서 황금분할이 자주 발견되었다고는 하나 아주 주의 깊게 관찰해야만 가능한 일들이었다. 게다가 많은 경우에 ϕ의 값에 적당히 가까운 것을 황금분할로 간주하곤 하였다. 그렇지만 궁정 작곡가였던 요한 조셉 푹스(Johann Josef Fux, 1669년~1741년)는 자신의 작품 "테데움 K 270"에서 능숙한 솜씨로 황금분할을 사용한 것으로 보인다.

음악에서 피보나치 수열을 잘 사용한 음악가는 헝가리 작곡가인 벨라 바르톡(Béla Viktor János Bartók, 1881년~1945년)이다. 그는 자신의 유명한 "현·타악기, 첼레스타를 위한 음악"에서 피보나치 수열을 사용하였다. 이 곡 첫 악장 모두 89소절로 구성하였으며 55번째 소절에서 클라이맥스를 이루도록 하였다. 또 55소절 앞부분은 34, 21소절 두 부분으로 나뉘고 34소절은 다시 21, 13소절 두 부분으로 나뉘어 피보나치 수열을 치밀하게 적용하여 음의 균형을 이루었다.

34소절	21소절	13소절	21소절

---------------------- 55소절 ---------------------- | ------------- 34소절 -------------

-------------------------------------전체 89소절-------------------------------------

황금분할은 리듬결합에서도 찾아볼 수 있는데, $\frac{4}{4}$박자 한 마디가 4개의 8분 음표로 분할되는 2-2-2-2의 정상적인 분할대신 3-2-3, 2-3-3, 3-3-2 등으로 분할한 것이다.

황금비 0.618…은 대략 $\frac{2}{3}, \frac{3}{5}, \frac{5}{8}$ 등의 비 값으로도 표현될 수 있는데, 이는 바르톡의 리듬결합에서 쉽게 찾아볼 수 있다.

렌드바이(Ernö Lendvai, 1925년~1993년)의 견해에 따르면, 이러한 사실은 특히 “두 대의 피아노와 타악기를 위한 소나타”에서 분명하게 드러난다고 한다. 이 곡에서는 작품 전체의 구성에서 뿐만 아니라 작은 소절마다 황금비로 나누고 있는 것을 볼 수 있다.

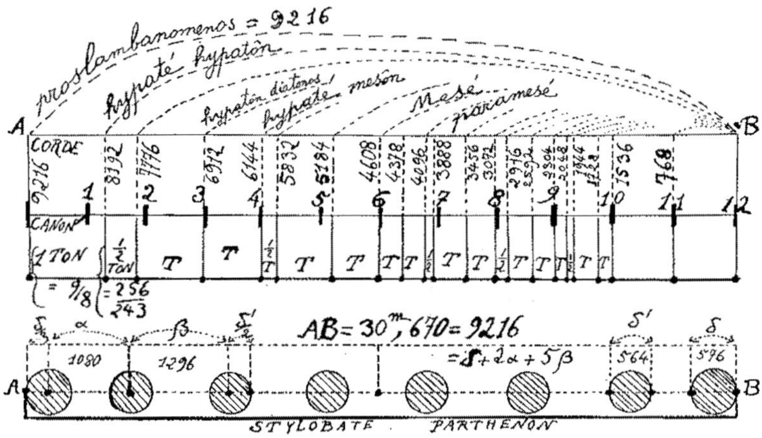

〈그림 3-52〉 바르톡의 두 대의 피아노와 타악기를 위한 소나타 중

이 소나타 전체는 네 개의 장(Assai lento, Allegro molto, Lento ma non troppo, Allegro non troppo)으로 나뉜다. 그리고 각 장은 8분음표 6432개의 길이이다. 두 번째로 긴 장(Lento ma non troppo)은 8분음표 3975개 후에 시작된다. 이렇게 나뉘는 것에 정확히 황금분할이 대응된다(6432×0.618=3974.9). 첫째 장에서 반복 부분이 시작되는 곳 역시 정확히 황금분할로 나뉜다. 랜드바이는 한 소절이 황금분할로 나뉠 때 긴 부분이 먼저 나오는 것을 양성, 그 반대의 경우는 음성이라고 칭하였다.

피보나치 수열과 황금비

피보나치 수열과 황금비

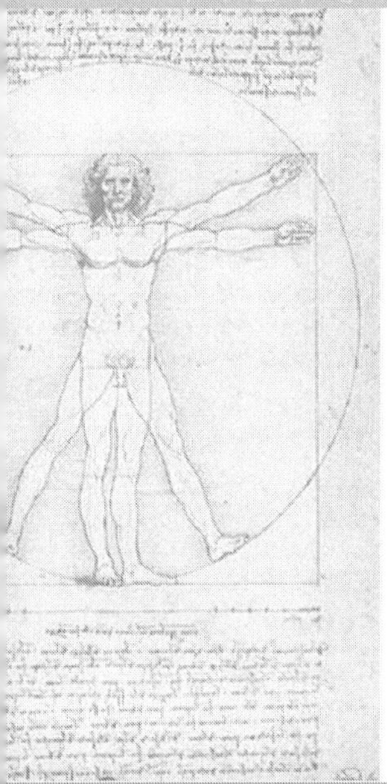

피보나치 수열과 황금비

Part IV

피보나치 수열과 황금비에 관한 수학적 정리

피보나치 수열과 관련된 정리
피보나치 수열의 여러 가지 성질
비네의 공식(Binet's formula)
황금분할과 관련된 정리

Fibonacci sequence & Golden ratio

피보나치 수열과 관련된 정리

피보나치 수열의 일반항 점화식 $F_{i+2}=F_{i+1}+F_i$, 즉, $F_{i+2}-F_{i+1}-F_i=0$을 다음과 같이 함수식으로 바꿀 수 있다.

$$f(x+2)-f(x+1)-f(x)=0 \cdots ①$$

〈Taylor 급수〉

$$f(x+n)=f(x)+\sum_{i=1}^{\infty}\frac{n^i d^i f}{i!dx^i}$$

$$=f(x)+\frac{ndf}{1!dx}+\frac{n^2d^2f}{2!dx^2}+\frac{n^3d^3f}{3!dx^3}+\frac{n^4d^4f}{4!dx^4}+\cdots$$

를 ①식에 대입하면 다음과 같은 선형 미분방정식이 된다.

$$[\cdots+\frac{2^3d^3f}{3!dx^3}+\frac{2^2d^2f}{2!dx^2}+\frac{2df}{dx}+f(x)]$$

$$-[\cdots+\frac{d^3f}{3!dx^3}+\frac{d^2f}{2!dx^2}+\frac{df}{dx}+f(x)]-f(x)=0$$

이 선형 미분방정식을 풀기 위하여, 위 미분방정식에 $f(x)=e^{\lambda x}$를 대입하면,

$$(\cdots+\frac{2^3\lambda^3}{3!}+\frac{2^2\lambda^2}{2!}+\frac{2\lambda}{1!}+1)e^{\lambda x}-$$

$$-(\cdots+\frac{\lambda^3}{3!}+\frac{\lambda^2}{2!}+\frac{\lambda}{1!}+1)e^{\lambda x}-e^{\lambda x}=0$$

$$(e^{2\lambda}-e^{\lambda}-1)e^{\lambda x}=0 \quad \cdots\cdots\cdots\cdots\cdots\cdots ②$$

이다. ②식이 모든 x에 대하여 성립하기 위해서는 $e^{2\lambda}-e^{\lambda}-1=0$이어야 한다. 그러므로 해는

$$e^{\lambda_1}=\frac{1+\sqrt{5}}{2},\ e^{\lambda_2}=\frac{1-\sqrt{5}}{2} \quad \cdots\cdots\cdots\cdots\cdots\cdots ③$$

이다. 따라서 일반해는 $f(x)=C_1e^{\lambda_1 x}+C_2e^{\lambda_2 x}$이고, 이에 ③을 대입하면,

$$f(x) = C_1(\frac{1+\sqrt{5}}{2})x + C_2(\frac{1-\sqrt{5}}{2})x\text{이다.}$$

마지막으로, 적분상수 C_1, C_2를 구하기 위하여 $f(1)=1$, $f(2)=1$을 대입하여 연립방정식을 풀면 다음과 같다.

$$f(i) = F_i = \frac{1}{\sqrt{5}}[(\frac{1+\sqrt{5}}{2})i - (\frac{1-\sqrt{5}}{2})i].$$

파스칼의 삼각형 (Pascal's triangle) 속의 피보나치 수열

한 행의 45°각도로 이항계수들을 지나도록 그려진 직선들을 파스칼 삼각형의 대각선이라 부른다. 이 대각선을 따라 놓인 수들의 합이 피보나치 수열을 이룬다.

$${}_0C_0$$
$${}_1C_0 \ {}_1C_1$$
$${}_2C_0 \ {}_2C_1 \ {}_2C_2$$
$${}_3C_0 \ {}_3C_1 \ {}_3C_2 \ {}_3C_3$$
$${}_4C_0 \ {}_4C_1 \ {}_4C_2 \ {}_4C_3 \ {}_4C_4$$
$${}_5C_0 \ {}_5C_1 \ {}_5C_2 \ {}_5C_3 \ {}_5C_4 \ {}_5C_5$$

〈그림 4-1〉 파스칼 삼각형

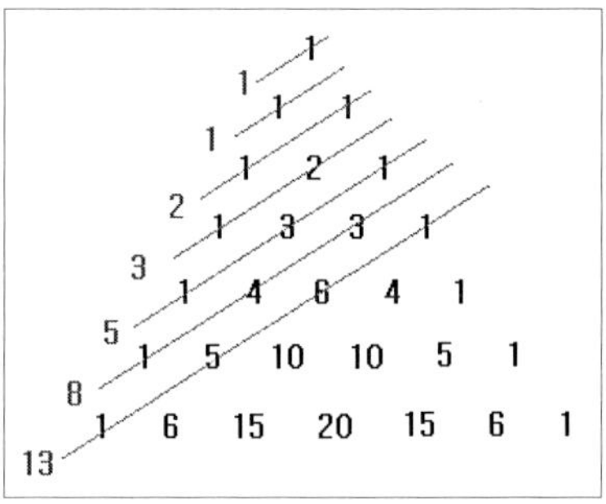

〈그림 4-2〉 파스칼 삼각형의 대각선

증명

파스칼 삼각형의 첫 대각선은 F_1인 1이다. 두 번째 대각선 역시 F_2인 1이다. 일반적인 성질을 증명하기 위해, (n—2)번째, (n—1)번째 대각선을 구성하는 수들의 합이, n번째 대각선을 구성하는 수들의 합과 같다는 것을 보여주자. (n—2)번째 대각선 위의 수를 나열하면 다음과 같이 나타난다.

$$_{n-3}C_0\ ,\ _{n-4}C_1,\ \ _{n-5}C_2\ ,\ \cdots$$

(n—1)번째 대각선 위의 수를 나열하면 다음과 같이 나타난다.

$$_{n-2}C_0,\ _{n-3}C_1,\ _{n-4}C_2,\ \ \cdots$$

이 수들의 전체 합은 다음과 같이 나타난다.

$$_{n-2}C_0+(_{n-3}C_0+{}_{n-3}C_1)+(_{n-4}C_1+{}_{n-4}C_2)+\cdots$$

$_{n-2}C_0={}_{n-3}C_0=1$ 이고,

$$\begin{aligned}&_kC_i+{}_kC_{i+1}\\&=\frac{k(k-1)\cdots(k-i+1)}{1\cdot 2\cdot\ \cdots\ \cdot i}+\frac{k(k-1)\cdots(k-i+1)(k-i)}{1\cdot 2\cdot\ \cdots\ \cdot i(i+1)}\\&=\frac{k(k-1)\cdots(k-i+1)}{1\cdot 2\cdot\ \cdots\ \cdot i}+\frac{k(k-1)\cdots(k-i+1)}{1\cdot 2\cdot\ \cdots\ \cdot i}\times\frac{k-i}{i+1}\end{aligned}$$

$$= \frac{k(k-1)\cdots(k-i+1)}{1\cdot 2\cdot \cdots \cdot i} \times \left(1+\frac{k-i}{i+1}\right)$$

$$= \frac{k(k-1)\cdots(k-i+1)}{1\cdot 2\cdot \cdots \cdot i} \times \frac{i+1+k-i}{i+1}$$

$$= \frac{k(k-1)\cdots(k-i+1)}{1\cdot 2\cdot \cdots \cdot i} \times \frac{1+k}{i+1}$$

$$= \frac{(k+1)k(k-1)\cdots(k-i+1)}{1\cdot 2\cdot \cdots \cdot i(i+1)}$$

$$= {}_{k+1}C_{i+1}$$

이 되므로, 수들의 전체 합은 다음과 같다.

$$\begin{aligned} &{}_{n-2}C_0+({}_{n-3}C_0+{}_{n-3}C_1)+({}_{n-4}C_1+{}_{n-4}C_2)+\cdots \\ &={}_{n-1}C_0+{}_{n-2}C_1+{}_{n-3}C_2+\cdots \ (\because {}_kC_i+{}_kC_{i+1}={}_{k+1}C_{i+1}) \end{aligned}$$

이는 파스칼 삼각형의 n번째 대각선 위에 있는 수들의 합과 같다.

피보나치 수열의 여러 가지 성질

(1) $F_{n+1}=F_n+F_{n-1}$

이것은 정의에 의해 자명하다.

(2) $\sum_{i=1}^{n} F_i = F_{n+2} - 1$

증명

피보나치 수열 $F_3 = F_1 + F_2$, $F_4 = F_2 + F_3$, $F_5 = F_3 + F_4$, $\cdots$, 을 변형하면,

$$F_1 = F_3 - F_2$$
$$F_2 = F_4 - F_3$$
$$F_3 = F_5 - F_4$$
$$\cdots$$
$$F_{n-1} = F_{n+1} - F_n$$
$$F_n = F_{n+2} - F_{n+1}$$

이 된다. 이 식들을 좌변은 좌변끼리 더하고 우변은 우변끼리 더하면,

$$F_1 + F_2 + \cdots + F_n = F_{n+2} - F_2$$

이 된다. $F_2 = 1$이므로, 피보나치수의 처음 n개의 합은 다음과 같다.

$$\therefore \sum_{i=1}^{n} F_i = F_{n+2} - 1$$

(3) $\sum_{i=1}^{n} F_{2i-1} = F_{2n}$

증명

피보나치 수열 $F_2 = F_0 + F_1$, $F_4 = F_2 + F_3$, $F_6 = F_4 + F_5$, $\cdots$, 을 변형하면,

$$F_1 = F_2 - F_0$$

$$F_3 = F_4 - F_2$$

$$F_5 = F_6 - F_4$$

$$\cdots$$

$$F_{2n-1} = F_{2n} - F_{2n-2}$$

이 식들을 좌변은 좌변끼리 더하고 우변은 우변끼리 더하면,

$$F_1 + F_3 + F_5 + \cdots + F_{2n-1} = F_{2n} - F_0$$

이 된다. 이 때, $F_0 = 0$ 이므로,

$$\therefore \sum_{i=1}^{n} F_{2i-1} = F_{2n}$$

(4) $\sum_{i=1}^{n} F_{2i} = F_{2n+1} - 1$

증명

처음부터 2n까지의 피보나치수의 합은 성질 (2)의 결과를 사용하여, $\sum_{i=1}^{2n} F_i = F_{2n+2} - 1$에서 1은 F_2이므로,

$$F_1 + F_2 + \cdots + F_{2n} = F_{2n+2} - F_2$$

와 같이 나타낼 수 있다. 첨수가 홀수인 피보나치수의 합을 빼면, (성질 (3)의 결과 $\sum_{i=1}^{n} F_{2i-1} = F_{2n}$을 이용하여)

$$\begin{aligned} & F_2 + F_4 + F_6 + \cdots + F_{2n} \\ &= F_{2n+2} - 1 - F_{2n} \\ &= (F_{2n+2} - F_{2n}) - 1 \quad (\because F_{2n+1} = F_{2n+2} - F_{2n}) \\ &= F_{2n+1} - 1 \end{aligned}$$

$$\therefore \sum_{i=1}^{n} F_{2i} = F_{2n+1} - 1$$

(5) $\sum_{i=1}^{n} F_i^{\,2} = F_n F_{n+1}$

증명

k항에 대해

$$F_k^2 = F_k(F_{k+1} - F_{k-1}) = F_k F_{k+1} - F_{k-1} F_k$$

$$(\because F_{k+1} = F_{k-1} + F_k)$$

$$F_1^2 = F_1 F_2 - F_0 F_1 \quad (\because F_0 = 0)$$

$$F_2^2 = F_2 F_3 - F_1 F_2$$

$$F_3^2 = F_3 F_4 - F_2 F_3$$

$$\cdots$$

$$F_n^2 = F_n F_{n+1} - F_{n-1} F_n$$

각 식의 좌변은 좌변끼리 더하고 우변은 우변끼리 더하면,

$$\therefore \quad \sum_{i=1}^{n} F_i^{\,2} = F_n F_{n+1}$$

이 식을 언어로 진술하면, 피보나치 수열의 제곱의 합은 맨 뒤의 피보나치수와 그 다음의 피보나치수를 곱한 것과 같다. 예를 들어, $1^2 + 1^2 + 2^2 + 3^2 + 5^2 + 8^2 + 13^2 + 21^2 = 21 \times 34$이 성립한다. 〈그림 4-3〉을 보면 쉽게 알 수 있다.

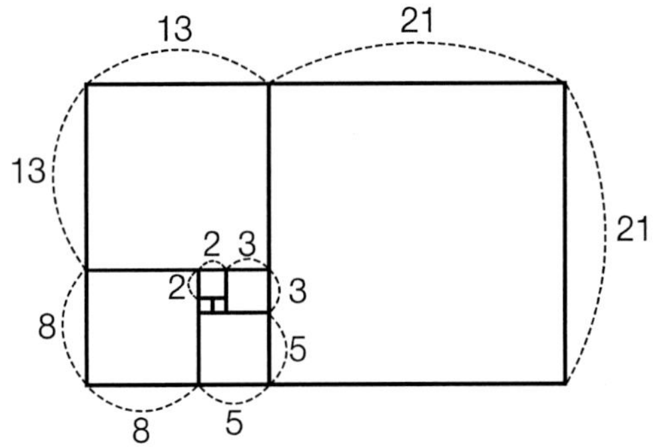

〈그림 4-3〉 피보나치 수열의 제곱의 합과 도형

(6) $F_{n+m} = F_{n-1}F_m + F_nF_{m+1}$

증명

이것을 증명을 하기 위해 수학적 귀납법을 사용한다.

(1) $m=1$ 일 때,

$$F_{n+1} = F_{n-1}F_1 + F_nF_2 = F_{n-1} + F_n$$
$$(\because F_1 = 1, F_2 = 1)$$

(2) $m=2$ 일 때,

$$\begin{aligned} F_{n+2} &= F_{n-1}F_2 + F_nF_3 \\ &= F_{n-1} + 2F_n (\because F_2 = 1, F_3 = 2) \end{aligned}$$

$$=F_{n-1}+F_n+F_n$$

$$=F_{n+1}+F_n$$

따라서 $F_{n+2}=F_{n+1}+F_n$이므로, 성립한다.

(3) $m=k$ 일 때,

$$F_{n+k}=F_{n-1}F_k+F_nF_{k+1} \qquad ①$$

이 성립한다고 가정하자. 그리고 $m=k-1$일 때,

$$F_{n+(k-1)}=F_{n-1}F_{k-1}+F_nF_k \qquad ②$$

이 성립한다. ①과 ②를 변끼리 더하면,

$$\begin{aligned} F_{n+(k+1)} &= F_{n+k}+F_{n+(k-1)} \\ &= F_{n-1}(F_k+F_{k-1})+F_n(F_{k+1}+F_k) \\ &= F_{n-1}F_{k+1}+F_nF_{k+2} \end{aligned}$$

이다. 따라서 $m=k+1$일 때도 주어진 등식은 성립하므로 n에 관한 귀납법에 의하여 주어진 등식은 성립한다.

(7) $F_n | F_{2n}$

증명

성질 (6)에서 $m=n$으로 가정하면,

$$F_{2n}=F_{n+n}=F_{n-1}F_n+F_nF_{n+1}=F_n(F_{n-1}+F_{n+1})$$

$$\therefore\quad F_n | F_{2n}$$

: : 따름정리 : :

$$F_{2n}=F_{n+1}^2-F_{n-1}^2$$

증명

앞 증명에서,

$$F_{2n}=F_n(F_{n-1}+F_{n+1})=(F_{n+1}-F_{n-1})(F_{n-1}+F_{n+1})$$

$$(\because F_{n+1}=F_{n-1}+F_n,\ F_n=F_{n+1}-F_{n-1})$$

$$=(F_{n+1}-F_{n-1})(F_{n+1}+F_{n-1})=F_{n+1}^2-F_{n-1}^2$$

$$\therefore\ F_{2n}=F_{n+1}^2-F_{n-1}^2$$

(8) $F_{n+1}^2 = F_n F_{n+2} + (-1)^n$

증명

(1) $n = 1$ 일 때,

$$F_2^2 = F_1 F_3 + (-1) = 2 - 1 = 1 = 1^2$$

이므로, 주어진 식은 성립한다.

(2) $n = k$ 일 때, $F_{k+1}^2 = F_k F_{k+2} + (-1)^k$이 성립한다고 가정하자. 양변에 $F_{k+1}F_{k+2}$을 더한다. 그러면,

$$F_{k+1}^2 + F_{k+1}F_{k+2} = F_k F_{k+2} + F_{k+1}F_{k+2} + (-1)^k$$

$$F_{k+1}(F_{k+1} + F_{k+2}) = F_{k+2}(F_k + F_{k+1}) + (-1)^k$$

$$F_{k+1}F_{k+3} = F_{k+2}F_{k+2} + (-1)^k$$

$$F_{k+1}F_{k+3} = F_{k+2}^2 + (-1)^k$$

$$F_{k+2}^2 = F_{k+1}F_{k+3} - (-1)^k$$

$$F_{k+2}^2 = F_{k+1}F_{k+3} + (-1)^{k+1}$$

이는 $n = k+1$일 때 성립함을 나타낸다.

$$\therefore\ F_{n+1}^2 = F_n F_{n+2} + (-1)^n$$

(9) $m|n \rightarrow F_m|F_n$

증명

$m|n \rightarrow n=mk$ 로 가정한다. 이제, m에 대해 수학적 귀납법으로 증명한다.

(1) $m=1$ 일 때,

$$n=mk=m$$
$$n=m$$
$$F_m|F_n$$

이 성립한다.

(2) $m=k$ 일 때,

$$F_m|F_{mk}$$

이 성립한다고 가정하자. $m=k+1$이면,

$$F_{m(k+1)}=F_{mk+m}=F_{mk-1}F_m+F_{mk}F_{m+1} \quad \text{(성질 (6)에 의해)}$$

$F_{mk-1}F_m$는 $F_m|F_{mk-1}F_m$이 성립하고, $F_{mk}F_{m+1}$은 $m=k$ 일 때, $F_m|F_{mk}$이 성립한다고 하였으므로 $F_m|F_{mk}F_{m+1}$이 성립한다. 그러므로 두 항의 합인 $F_{m(k+1)}$ 역시 $F_m|F_{m(k+1)}$이 성립한다.

$$\therefore m|n \rightarrow F_m|F_n$$

(10) $F_{n+1}^2 + F_n^2 = F_{2n+1}$ (단, $F_0 = 0, F_1 = 1$)

증명

$$
\begin{aligned}
F_{2n+1} &= F_{n+(n+1)} \\
&= F_{n-1}F_{n+1} + F_nF_{n+2} && \text{(성질(6)에 의해)} \\
&= (F_{n+1} - F_n)F_{n+1} + F_n(F_{n+1} + F_n) \\
&= F_{n+1}^2 + F_n^2
\end{aligned}
$$

위의 식이 의미하는 바는 피보나치 수열의 연속하는 두 항을 제곱해서 더한 값은 연속하는 항 중 작은 항에 대하여 2n+1한 항의 값과 같다는 것이다. 이 성질은 피보나치 일반항에 대입하여 확인할 수 있다.

$$1^2 + 1^2 = 2(F_3)$$

$$2^2 + 1^2 = 5(F_5)$$

$$3^2 + 2^2 = 13(F_7)$$

$$5^2 + 3^2 = 34(F_9)$$

(11) $F_{n+1}^2 - F_{n-1}^2 = F_{2n}$

(n≥2 일 때, ∵ F_0은 정의되어 있지 않기 때문에)

증명

$F_{2n} = F_{2n+1} - F_{2n-1}$

$= (F_{n+1}^2 + F_n^2) - (F_n^2 + F_{n-1}^2)$ (성질 (10)에 의해)

$= F_{n+1}^2 - F_{n-1}^2$

이 식이 의미하는 바는 2n번째 짝수 항의 피보나치수를 얻기 위해서는 얻고자하는 피보나치수의 (n+1) 번째 피보나치수의 제곱값에서 (n−1)번째 피보나치수의 제곱값을 빼면된다는 것이다. 예를 들어 다음과 같다.

$$8 = 3^2 - 1^2$$

$$21 = 5^2 - 2^2$$

$$55 = 8^2 - 3^2$$

비네의 공식(Binet's formula)

피보나치 수열 F_k는 점화식으로 나타내면,

$$F_1 = 1, F_2 = 1, F_{n+2} = F_{n+1} + F_n$$

으로 표현된다. 이 점화식을

$$F_{n+2} - (\alpha + \beta)F_{n+1} + (\alpha\beta)F_n = 0$$

로 고쳐 쓰면, 이차방정식

$$\chi^2 - (\alpha + \beta)\chi + \alpha\beta = 0$$

와 매우 닮았다는 것을 알 수 있다. 이 이차방정식을 점화식의 특성방정식이라고 명하며, 이 특성방정식의 근을 이용하면 수열 F_k의 일반항을 구할 수 있다. 피보나치 수열의 일반항을 비네의 공식(Binet's formula)이라 부른다.

$$F_n = \frac{(\frac{1+\sqrt{5}}{2})^n - (\frac{1-\sqrt{5}}{2})^n}{\sqrt{5}}$$

증명

초항이 1인 등비수열을 가정하자.

$$1,\ q,\ q^2,\ \cdots$$

이 수열이 피보나치 수열의 해이기 위해서는 아래의 등식을 만족시켜야 한다.

$$\forall n \in N, \quad q^{n-2} + q^{n-1} = q^n$$

이 등식을 q^{n-2}로 나누면,

$$1 + q = q^2$$

이 이차방정식의 해

$$\frac{1+\sqrt{5}}{2},\ \frac{1-\sqrt{5}}{2}$$

는 이 수열의 공비가 된다. 이 두 수를 각각 α, β로 두면, $\alpha\beta = -1$이다. 따라서 $F_n = F_{n-1} + F_{n-2}$의 해가 되는 수열들은 모두 다음과 같은 형태를 가진다.

$$f_1 + f_2,\ f_1\alpha + f_2\beta,\ f_1\alpha^2 + f_2\beta^2,\ \cdots$$

여기서 구한 수열들은 공비가 다르고 비례하지 않음으로 위의 식이 피보나치 수열의 모든 해를 나타낸다. 어떤 f_1과 f_2의 값에 대해서 위의 수열들도 피보나치 급수를 이룬다.

$$f_1 + f_2 = F_1$$

$$f_1\alpha + f_2\beta = F_2$$

두 방정식에 피보나치수, α, β의 값을 대입하면 아래의 연립 방정식이 된다.

$$f_1 + f_2 = 1$$

$$f_1 \frac{1+\sqrt{5}}{2} + f_2 \frac{1-\sqrt{5}}{2} = 1$$

방정식을 풀면, 다음과 같은 해를 얻는다.

$$f_1 = \frac{1+\sqrt{5}}{2\sqrt{5}}\ ,\ f_2 = \frac{1-\sqrt{5}}{2\sqrt{5}}$$

$$\begin{aligned} F_n &= f_1\alpha^{n-1} + f_2\beta^{n-1} \\ &= \frac{1+\sqrt{5}}{2\sqrt{5}}\left(\frac{1+\sqrt{5}}{\sqrt{5}}\right)^{n-1} - \frac{1-\sqrt{5}}{2\sqrt{5}}\left(\frac{1-\sqrt{5}}{\sqrt{5}}\right)^{n-1} \\ &= \frac{\left(\frac{1+\sqrt{5}}{2}\right)^n - \left(\frac{1-\sqrt{5}}{2}\right)^n}{\sqrt{5}} \end{aligned}$$

황금분할과 관련된 정리

황금분할은 여러 가지 의미로 두루 사용되는데 주로 분할방식 (S는 $\overline{AB}$를 황금분할로 나눈다.), 분할점 S, 수 ϕ, 이 세 가지 의미를 나타낸다. 이제 상수 ϕ의 특성을 다음과 같은 간단한 정리를 통하여 살펴보았다.

:: 보조정리 ::

(a) $\phi^2 = \phi + 1$, 역으로 $x^2 = x + 1$을 만족하는 양의 실수이면 $x = \phi$이다.

(b) $\dfrac{1}{\phi} = \phi - 1 = \dfrac{\sqrt{5} - 1}{2}$

(c) $\phi + \dfrac{1}{\phi} = \sqrt{5}$

증명

(a) 앞에서 황금분할을 증명할 때 살펴보았다.

(b) 먼저,

$$\phi^2 = \phi + 1$$

$$\phi = 1 + \frac{1}{\phi} \qquad \left(\text{양변에 } \frac{1}{\phi}\text{을 곱하여}\right)$$

$$\frac{1}{\phi} = \phi - 1$$

$$\frac{1}{\phi} = \phi - 1 = \frac{1+\sqrt{5}}{2} - 1 = \frac{\sqrt{5}-1}{2}$$

(c) $$\phi + \frac{1}{\phi} = \frac{1+\sqrt{5}}{2} + \frac{\sqrt{5}-1}{2} = \sqrt{5}.$$

: : 정리 : :

선분 $\overline{AB}$의 길이를 $a+b$라고 하고 S를 이 선분 위의 점이라고 하자. a는 $\overline{AS}$의 길이를, b는 $\overline{BS}$의 길이를 나타낼 때 다음 명제들은 동치이다.

(a) S는 $\overline{AB}$를 황금분할한다.

(b) $\frac{a}{b} = \phi$

(c) $(\frac{a}{b})^2 = \frac{a}{b}+1$

(d) $\frac{a+b}{a}=\phi$

(e) $\frac{a+b}{b}=\phi+1$

증명

1) (a)와 (b), (b)와 (c), (d)와 (e)가 동치임은 앞의 정리와 보조정리 등을 통하여 증명하였다.

2) (a)와 (d)가 동치임을 보인다. 정의에 따르면 (a)는 $b(a+b)=a^2$이다. 여기서 시작하면,

$$b(a+b)=a^2$$

$$(a+b-a)(a+b)=a^2$$

$$(a+b)(a+b)-a(a+b)=a^2$$

$$(a+b)^2=a^2+a(a+b)$$

$$(\frac{a+b}{a})^2=1+\frac{a+b}{a}$$

$$(\frac{a+b}{a})^2-\frac{a+b}{a}-1=0$$

$$\therefore\ \frac{a+b}{a}=\phi$$

그러므로 (a)와 (d)는 동치이다.

3) (a)와 (e)가 동치임을 보인다. 2)와 마찬가지로 (a) $b(a+b)=a^2$에서 시작한다.

$$a^2=b(a+b)$$

$$(a+b-b)^2=b(a+b)$$

$$\left(\frac{a+b-b}{b}\right)^2=\frac{a+b}{b}$$

$$\left(\frac{a+b-b}{b}\right)^2=\frac{(a+b-b)}{b}+1$$

$$\left(\frac{a+b-b}{b}\right)^2-\frac{(a+b-b)}{b}-1=0$$

$$\frac{a+b-b}{b}=\phi$$

$$\frac{a+b}{b}-1=\phi$$

$$\therefore\ \frac{a+b}{b}=\phi+1$$

피보나치 수열과 황금비

피보나치 수열과 황금비

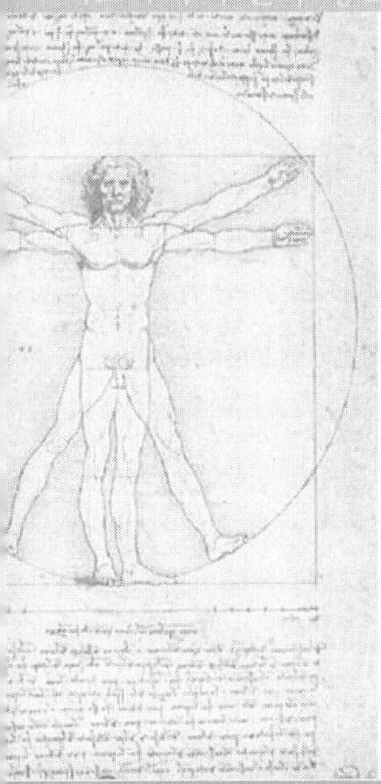

피보나치 수열과 황금비

Part V

피보나치 수열과 황금분할에 관한 Excel 활동

활동 | 피보나치 수열
황금분할 | 황금분할의 다른 문제
복사용지 | 복사용지의 다른 문제

Fibonacci sequence & Golden ratio

활동

현대에 무수한 계산을 수행하기 위한 도구로써 뿐만 아니라, 모델 설계와 사무처리 등을 위해 스프레드시트인 엑셀은 가장 광범위하게 사용된다. 엑셀은 여러 내용영역에서 폭넓게 사용된다. 특히, 수학에서 엑셀을 사용하는 근본적인 장점은 직접 손으로 계산하는 것보다 더 빨리 할 수 있다는 것과 모델링의 중요한 측면인 프로그램을 손으로 직접 만들어볼 수 있는 즉 직접적인 조작을 들 수 있다. 엑셀은 상호작용적이고 시각적인 구성요소를 가진 방법으로 모델들을 창조하는 것이 가능하다. 우리는 엑셀을 이용하여 중요한 수학적인 모델링 아이디어들을 발달시키고, 개념적 도구로서 안내된 발견학습을 할 수 있다. 엑셀을 사용한 이러한 접근이 친숙해지면, 좀 더 자연스럽게 수학적 모델링을 만들고 수학을 학습하는데 도움이 될 것이다. 엑셀은 직관적인 방법으로 개념과 프로그램을 실행하고 발달시키기 위해 사용할 수 있고 발전적인 수학적 모델들을 위한 훌륭한 도구이다. 또한 엑셀은 매우 광범위하게 사용되고 있기 때문에 많은 사람들에게 이미 친숙할 것이다.

이제, 이전의 장들에서 언급하였던 피보나치 수열과 황금분할 등을 엑셀을 사용하여 살펴보자.

피보나치 수열

문제상황 갓 태어난 암수 한 쌍의 토끼가 있다. 이 토끼는 태어나서 1개월만 지나면 성장해서 어미가 되고, 그 다음 달부터 매월 암수 한 쌍의 토끼를 낳는다. 태어난 한 쌍의 토끼는 생후 2개월이면 마찬가지로 매월 한 쌍의 토끼를 낳는다고 한다. 이와 같이 계속될 때, 12개월 후 토끼는 몇 쌍이 되겠는가(단, 토끼는 죽지 않는다.)?

엑셀로 구현 스프레드시트로 모델을 설정하는 것으로 계산을 시작한다. 1개월 된 갓 태어난 토끼 한 쌍이 있다. 그들은 2

개월에 어미가 된다. 그 때까지는 그들이 아직 새끼를 낳지 못한다. 2개월에도 여전히 단지 한 쌍의 토끼를 가지고 있다. 원래의 한 쌍의 토끼는 2개월에 어미가 되고나서, 3개월이 되어서야 한 쌍의 새끼를 낳을 수 있다. 3개월에 두 쌍의 토끼를 가진다. 원래의 한 쌍과 그들의 첫 번째 새끼 한 쌍이다. 4개월이 되면 얼마나 많은 토끼들을 가질까? 어느 달이나 앞의 달에서 있었던 토끼 쌍들 전부는 계속 가지고 있다. 덧붙여서 앞의 개월에 태어난 토끼의 새끼들도 가지고 있을 것이다. 모든 성숙한 토끼 쌍들이 각각의 개월에 정확히 한 쌍의 토끼를 낳을 것이라고 것을 알고 있다. 3개월에 살아있을 모든 토끼들이 4개월에 어미가 될 것이라는 것을 알고 있다. 4개월에 태어난 토끼의 쌍들의 수는 2개월에 살아있었던 토끼들의 수와 같아진다. 그래서 4개월에 토끼의 쌍의 수는 2개월의 토끼의 쌍의 수에 3개월의 토끼의 쌍의 수를 더한 것과 같아진다. 먼저, 2개월까지는 토끼의 수는 변함이 없으므로, 엑셀 모델에 1, 2 개월에는 토끼 쌍의 수를 대입한다.

	A	B
1	개월	토끼 쌍
2	1	1
3	2	1

〈그림 5-1〉

각각의 기간을 가리키는 숫자를 대입해 넣는 대신에 각각의 기간의 숫자들이 단지 바로 앞의 숫자보다 1이 더 많다는 사실을 사용할 수 있다. 두 번째 달의 숫자에 앞의 셀에 1을 더해나가는 것으로 이것을 나타낼 수 있다. 셀 A4에서 =를 넣는 것으로 공식을 시작한다. 앞의 개월의 숫자를 포함한 셀—이 경우에는, 셀 A3—을 클릭한다.

	A	B
1	개월	토끼 쌍
2	1	1
3	2	1
4	=A3	

〈그림 5-2〉

	A	B
1	개월	토끼 쌍
2	1	1
3	2	1
4	=A3+1	

〈그림 5-3〉

그러면 〈그림 5-2〉처럼 =A3을 나타낸다. 그러고 나서 +1을 쳐서 =A3+1이라고 〈그림 5-3〉처럼 나타낸다. 그러고 나서 엔터키를 누른다. 그러면 셀 A4에서 숫자 3이 나타난다(〈그림 5-4〉 참고).

	A	B
1	개월	토끼 쌍
2	1	1
3	2	1
4	3	

〈그림 5-4〉

	A	B
1	개월	토끼 쌍
2	1	1
3	2	1
4	3	

〈그림 5-5〉

다음에, 셀을 복사하기 위해, 복사하고자 하는 셀을 클릭한다. 그러면, 〈그림 5-5〉에서처럼 정사각형 모양의 "fill handle"를 볼 수 있다. 이 fill handle에 큰 하얀색 플러스 표시를 두면 커서가 얇은 검정 플러스 표시로 바뀐다. 그 때, 마우스 왼쪽 버튼을 누르고, 식을 복사하고자 원하는 곳까지 아래로 드래그한다.

	A	B
1	개월	토끼 쌍
2	1	1
3	2	1
4	3	
5	4	
6	5	
7	6	
8	7	
9	8	
10	9	
11	10	
12	11	
13	12	
14	13	
15	14	
16	15	
17	16	
18	17	
19	18	
20	19	
21	20	

〈그림 5-6〉

	A	B
1	개월	토끼 쌍
2	1	1
3	2	1
4	=A3+1	
5	=A4+1	
6	=A5+1	
7	=A6+1	
8	=A7+1	
9	=A8+1	
10	=A9+1	
11	=A10+1	
12	=A11+1	
13	=A12+1	
14	=A13+1	
15	=A14+1	
16	=A15+1	
17	=A16+1	
18	=A17+1	
19	=A18+1	
20	=A19+1	
21	=A20+1	

〈그림 5-7〉

마우스를 놓으면, 공식은 〈그림 5-6〉의 화면처럼 셀은 복사가 될 것이다. 만약 〈그림 5-7〉처럼 공식을 보고 싶을 때에는 ctrl키와 ~키[1]를 누르면 나타난다. 그리고 한 번 더 누르면 원

1) 키보드에서 숫자 1왼쪽에 있는 키

래대로 돌아온다. 한 셀에 대해서만 공식을 보고 싶을 때에는 그 셀에 커서를 두고 더블클릭하면 된다.

이제, 오른쪽 열인 토끼 쌍의 수를 구하여 보자. 토끼쌍은 전 달과 전전 달의 합으로 나타낼 수 있다. 즉, 3개월째의 토끼쌍의 수는 1개월과 2개월의 토끼쌍의 합과 같다. 그래서 〈그림 5-8〉처럼 공식을 대입하기 위해 셀 B4에서 클릭하고 =를 친다. 셀 B2를 클릭하고 +를 넣은 다음, 셀 B3을 클릭하여 엔터키를 누르면 된다. 그러면, 〈그림 5-9〉와 같이 나타난다. 이렇게 "바로 위의 셀"과 "그 위의 셀"을 더하여 피보나치 수열을 구할 수 있다.

	A	B
1	개월	토끼 쌍
2	1	1
3	2	1
4	3	=B2+B3

〈그림 5-8〉

	A	B
1	개월	토끼 쌍
2	1	1
3	2	1
4	3	2

〈그림 5-9〉

	A	B
1	개월	토끼 쌍
2	1	1
3	2	1
4	3	2

〈그림 5-10〉

앞에서 나왔던 방식으로 셀 B4를 클릭해서(〈그림 5-10〉) 아래로 복사하면(〈그림 5-11〉), 〈그림 5-12〉와 같은 결과를 얻는다.

	A	B
1	개월	토끼 쌍
2	1	1
3	2	1
4	3	2
5	4	3
6	5	5
7	6	8
8	7	13
9	8	21
10	9	34
11	10	55
12	11	89
13	12	144
14	13	233
15	14	377
16	15	610
17	16	987
18	17	1597
19	18	2584
20	19	4181
21	20	6765

〈그림 5-11〉

	A	B
1	개월	토끼 쌍
2	1	1
3	2	1
4	3	2
5	4	3
6	5	5
7	6	8
8	7	13
9	8	21
10	9	34
11	10	55
12	11	89
13	12	144
14	13	233
15	14	377
16	15	610
17	16	987
18	17	1597
19	18	2584
20	19	4181
21	20	6765

〈그림 5-12〉

지금까지 엑셀을 활용한 것은 개월과 토끼쌍을 따로 구한 것이다. 이를 좀 더 간편하게 구하는 방법도 있다. 먼저 셀 A4와 셀 B4에 각각 식을 대입한다(〈그림 5-13〉). 그 다음, 셀 A4의 중앙에서, 왼쪽 마우스 버튼을 누른 상태로 셀 B4까지 드래그를 한다(〈그림 5-14〉).

	A	B
1	개월	토끼 쌍
2	1	1
3	2	1
4	=A3+1	=B2+B3

〈그림 5-13〉

	A	B
1	개월	토끼 쌍
2	1	1
3	2	1
4	3	2

〈그림 5-14〉

그러고 나서 검은 부분의 아래 오른쪽 구석의 fill handle에 커서를 둔다. 왼쪽 마우스 버튼을 눌러서, 보고자 하는 데까지 아래로 드래그한다(〈그림 5-15〉). 그러면 〈그림 5-16〉과 같은 결과를 얻는다.

	A	B
1	개월	토끼 쌍
2	1	1
3	2	1
4	3	2
5	4	3
6	5	5
7	6	8
8	7	13
9	8	21
10	9	34
11	10	55
12	11	89
13	12	144
14	13	233
15	14	377
16	15	610
17	16	987
18	17	1597
19	18	2584
20	19	4181
21	20	6765

〈그림 5-15〉

	A	B
1	개월	토끼 쌍
2	1	1
3	2	1
4	3	2
5	4	3
6	5	5
7	6	8
8	7	13
9	8	21
10	9	34
11	10	55
12	11	89
13	12	144
14	13	233
15	14	377
16	15	610
17	16	987
18	17	1597
19	18	2584
20	19	4181
21	20	6765

〈그림 5-16〉

〈그림 5-17〉에서 보는 것처럼 공식을 보고 싶을 때는 ctrl키와 ~키를 누르면 나타난다.

피보나치 수열은 엑셀을 활용하여 한 가지 방법이 아니라 여러 가지 방법을 사용하여 구해볼 수 있다. 그리고 〈그림 5-17〉과 같이 식을 살펴봄으로써 피보나치 수열이 어떠한 수학적 공식을 가지고 있는지 알 수 있고, 직접 알고리즘을 파악할 수 있다.

	A	B
1	개월	토끼 쌍
2	1	1
3	2	1
4	=A3+1	=B2+B3
5	=A4+1	=B3+B4
6	=A5+1	=B4+B5
7	=A6+1	=B5+B6
8	=A7+1	=B6+B7
9	=A8+1	=B7+B8
10	=A9+1	=B8+B9
11	=A10+1	=B9+B10
12	=A11+1	=B10+B11
13	=A12+1	=B11+B12
14	=A13+1	=B12+B13
15	=A14+1	=B13+B14
16	=A15+1	=B14+B15
17	=A16+1	=B15+B16
18	=A17+1	=B16+B17
19	=A18+1	=B17+B18
20	=A19+1	=B18+B19
21	=A20+1	=B19+B20

〈그림 5-17〉

피보나치 수열은 제7차 교육과정의 고등학교 수학 I의 III. 수열과 IV. 수열의 극한 단원에서 주로 도입하고 있으며, III. 수열에서는 도입부나 단원의 마지막 부분의 읽을 거리나 탐구활동 등으로 삽입되어있다. 이 부분들을 수업 중 아무 의미없이 스쳐 지나가는 것보다 엑셀을 활용하여 좀 더 흥미있고 재미있는 활동으로 도입한다면 학습에 좋은 효과를 가져올 것이다. 그리고 IV. 수열의 극한에서는 2. 무한 등비 급수 소단원에서 피보나치 수열의 합이라든지, 피보나치 수열을 이용하여 만들어진 피보나치 정사각형의 넓이의 합을 구하는 문제들로 본문에 제시되어있다.

황금분할

문제상황 아래 그림과 같은 직사각형 ABCD에서 정사각형 ABFE를 떼어낸 □DEFC가 □ABCD와 닮음일 때, x를 구해 보자.

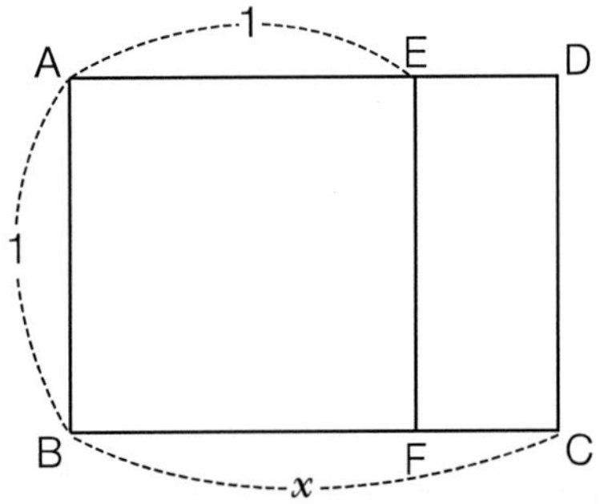

〈그림 5-18〉

엑셀로 구현 이제 스프레드시트 모델을 만들어보자. 문제상황에서 주어진 x를 직접 엑셀에 대입하여 값을 구할 수는 없다. 엑셀에서는 숫자를 대입하거나, 대입한 숫자를 변형시켜서 값을 구하여야한다. 엑셀 모델에서는 큰 직사각형의 긴 변인 x를 1.5로 시작해 보자.

	A	B	C
1		큰	작은
2		직사각형	직사각형
3	긴 변	1.5	
4	짧은 변	1	

〈그림 5-19〉

작은 직사각형의 긴 변의 길이는 큰 직사각형의 짧은 변의 길이와 같다.

	A	B	C
1		큰	작은
2		직사각형	직사각형
3	긴 변	1.5	=B4
4	짧은 변	1	

〈그림 5-20〉

작은 직사각형의 짧은 변은 큰 직사각형의 긴 변의 길이에서 1을 뺀 것과 같다.

	A	B	C
1		큰	작은
2		직사각형	직사각형
3	긴 변	1.5	1
4	짧은 변	1	=B3-1

〈그림 5-21〉

이제 큰 직사각형의 긴 변과 짧은 변의 비를 나타낼 수 있다.

	A	B	C
1		큰	작은
2		직사각형	직사각형
3	긴 변	1.5	1
4	짧은 변	1	0.5
5	변의 비	=B3/B4	

〈그림 5-22〉

그리고 작은 직사각형의 긴 변과 짧은 변의 비를 계산하면 다음과 같은 결과가 나온다.

	A	B	C
1		큰	작은
2		직사각형	직사각형
3	긴 변	1.5	1
4	짧은 변	1	0.5
5	변의 비	1.5	=C3/C4

〈그림 5-23〉

	A	B	C
1		큰	작은
2		직사각형	직사각형
3	긴 변	1.5	1
4	짧은 변	1	0.5
5	변의 비	1.5	2

〈그림 5-24〉

두 직사각형이 닮음이므로, 각각의 긴 변과 짧은 변의 비가 같기를 원한다. 여기서, 각각의 직사각형에 대한 변의 비의 차이를 계산하여 0이면, 두 비가 같은 것이다.

	A	B	C
1		큰	작은
2		직사각형	직사각형
3	긴 변	1.5	1
4	짧은 변	1	0.5
5	변의 비	1.5	2
6	차이		=B5-C5

〈그림 5-25〉

	A	B	C
1		큰	작은
2		직사각형	직사각형
3	긴 변	1.5	1
4	짧은 변	1	0.5
5	변의 비	1.5	2
6	차이		0.5

〈그림 5-26〉

이 값은 한 번에 얻어지는 것이 아니다. 좀 더 나은 해를 찾기 위해서 시행착오를 거쳐야 한다. 큰 직사각형의 긴 변을 변화시켜서, 차이가 0이거나 거의 0인 값을 찾기 위해서 계속 시도한다. 예를 들면, 1.5 대신에 1.6 을 사용하면 −0.06667의 차이를 얻을 수 있다.

	A	B	C
1		큰	작은
2		직사각형	직사각형
3	긴 변	1.6	1
4	짧은 변	1	0.6
5	변의 비	1.6	1.666667
6	차이		-0.06667

〈그림 5-27〉

이와 같은 방법으로, 몇 번의 시도로 조건에 가까운 해를 〈그림 5-28〉처럼 볼 수 있다.

	A	B	C
1		큰	작은
2		직사각형	직사각형
3	긴 변	1.618033	1
4	짧은 변	1	0.618033
5	변의 비	1.618033	1.618037
6	차이		-3.6E-06

〈그림 5-28〉

그래서 x가 1.618033이 됨을 알 수 있다. 이 때, 차이는 -3.6×10^{-6}이다. 이러한 변의 비를 황금비라 부른다. 지필계산으로 긴 변의 길이인 x를 소수 여섯째자리인 1.618033까지 계산하기에는 매우 복잡하다. 하지만 우리는 엑셀을 사용하여 큰 직사각형의 긴 변의 길이를 넣어봄으로써 차이가 0에 가까운 값을 찾는 것이 지필계산보다 훨씬 쉽다는 것을 알 수 있다.

황금분할의 다른 문제

문제상황 황금비를 찾는 다른 방법은 넓이가 1인 정사각형에서 출발한다. 그 옆에 크기가 같은 두 번째 정사각형을 둔다. 그러면 가로 2, 세로 1인 직사각형이 만들어진다. 이 직사각형의 긴 변의 길이로 된 정사각형을 만들어서 위에 정사각형을 붙인다. 이번에는 세로 3, 가로 2인 변을 가진 직사각형이 된다. 다시 이 직사각형의 긴 변의 길이로 된 정사각형을 만들어서 옆에 붙인다. 그리고 아래쪽에 같은 방법으로 정사각형을 덧붙인다. 이러한 방법으로 계속 정사각형을 붙여 나아간다. 그러면, 뒤에 만들어진 정사각형의 한 변의 길이는 앞의 정사각형의 변의 길이의 몇 배가 될까?

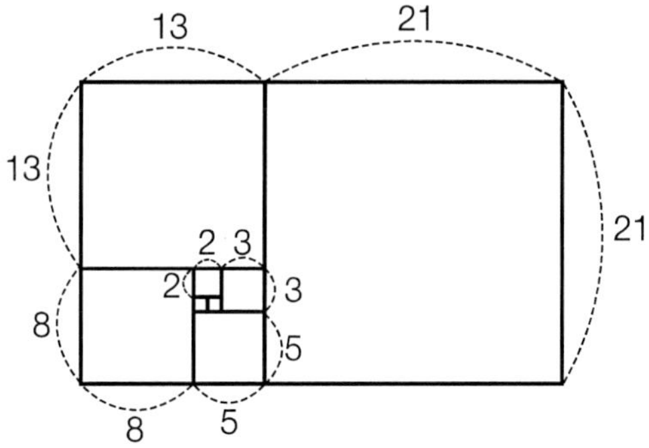

〈그림 5-29〉

엑셀로 구현 정사각형의 각 변의 길이를 A열에 두고, B열에는 변의 비를 넣을 것이다. 먼저, A열에서 세 번째 정사각형의 변은 앞의 두 개의 정사각형의 변의 길이의 합으로 공식을 만든다.

	A
1	변의 길이
2	1
3	1
4	=A2+A3

〈그림 5-30〉

뒤의 정사각형의 변의 길이와 앞의 정사각형의 변의 길이의 비를 위한 공식을 만든다.

	A	B
1	변의 길이	변의 길이의 비
2	1	
3	1	
4	2	=A4/A3

〈그림 5-31〉

	A	B
1	변의 길이	변의 길이의 비
2	1	
3	1	
4	2	2

〈그림 5-32〉

마우스로 A4에서 B4로 끌어오면 〈그림 5-33〉과 같이 된다. 이 때, 오른쪽 아래의 네모난 점에 마우스를 가져다 대어서 십자모양이 나타나면 아래로 끌어내린다. 이는 앞 문제들에서 한 방법과 동일하다. 그러면 〈그림 5-34〉처럼 나타난다.

	A	B
1	변의 길이	변의 길이의 비
2	1	
3	1	
4	2	2

〈그림 5-33〉

왼쪽 열과 오른쪽 열을 살펴보자. 왼쪽 열은 변의 길이가 처음에 문제를 풀 때는 미처 생각할 수 없었던 피보나치 수열을 나타낸다는 것을 알 수 있다. 오른쪽 열에서는 변의 비가 일정한 값으로 수렴해 가는 것을 볼 수 있다. 즉, 몇 번이 지나지 않아 이 값은 1.618034로 가까워지는 것을 알 수 있다. 여기서 변의 비가 매우 빠르게 황금비로 접근하는 것을 볼 수 있다.

	A	B
1	변의 길이	변의 길이의 비
2	1	
3	1	
4	2	2
5	3	1.5
6	5	1.666666667
7	8	1.6
8	13	1.625
9	21	1.615384615
10	34	1.619047619
11	55	1.617647059
12	89	1.618181818
13	144	1.617977528
14	233	1.618055556
15	377	1.618025751
16	610	1.618037135
17	987	1.618032787
18	1597	1.618034448
19	2584	1.618033813
20	4181	1.618034056
21	6765	1.618033963

〈그림 5-34〉

	A	B
1	변의 길이	변의 길이의 비
2	1	
3	1	
4	2	2
5	3	1.5
6	5	1.666666667
7	8	1.6
8	13	1.625
9	21	1.615384615
10	34	1.619047619
11	55	1.617647059
12	89	1.618181818
13	144	1.617977528
14	233	1.618055556
15	377	1.618025751
16	610	1.618037135
17	987	1.618032787
18	1597	1.618034448
19	2584	1.618033813
20	4181	1.618034056
21	6765	1.618033963

〈그림 5-35〉

복사용지

문제상황 다음 그림에서처럼 작은 직사각형은 큰 직사각형을 절반으로 접어서 만들어진다. 이 때, □ABCD∽□EFDA 라면, x는 얼마인가?

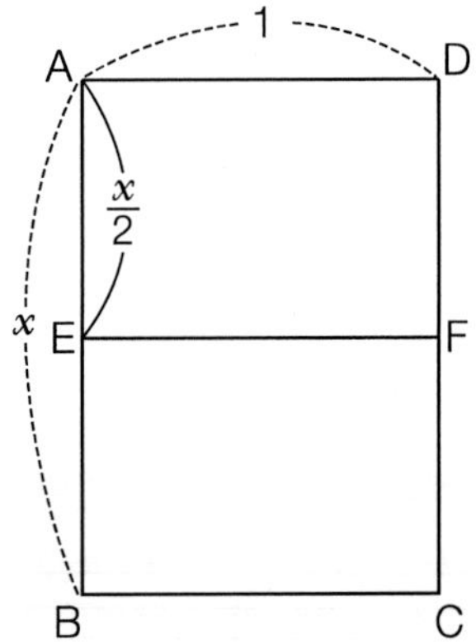

〈그림 5-36〉

수학적 내용 지필로 이 문제의 답을 구하여 볼 수 있다. x가 직사각형의 긴 변일 때, 큰 직사각형의 긴 변과 짧은 변의 비가 작은 직사각형의 긴 변과 짧은 변의 비와 같다는 사실은 다음과 같이 표현할 수 있다.

$$x : 1 = 1 : \frac{x}{2}$$

이는

$$\frac{x}{1}=\frac{1}{\frac{x}{2}}$$

이다. 따라서

$$\frac{x^2}{2}=1$$

$$x^2=2$$

이다. 이 때, x는 변의 길이이므로 $\sqrt{2}$이다. 즉, 긴 변의 길이는 작은 변의 길이를 $\sqrt{2}$배 한 것과 같다. 긴 변과 짧은 변의 비는 $\sqrt{2}$: 1이다.

엑셀로 구현 이제 문제에 대한 스프레드시트 모델을 설정하자. 문제상황에서 주어진 x를 직접 엑셀에 대입하여 값을 구할 수는 없다. 엑셀에서는 숫자를 대입하거나, 대입한 숫자를 변형시켜서 값을 구하여야한다. 이 모델에서는 큰 직사각형의 긴 변인 x를 1.5에서 시작해 보도록 하자.

	A	B	C
1		큰	작은
2		직사각형	직사각형
3	긴 변	1.5	
4	짧은 변	1	

〈그림 5-37〉

작은 직사각형의 긴 변은 큰 직사각형의 짧은 변에 길이와 같다.

	A	B	C
1		큰	작은
2		직사각형	직사각형
3	긴 변	1.5	=B4
4	짧은 변	1	

〈그림 5-38〉

작은 직사각형의 짧은 변의 길이는 큰 직사각형의 긴 변의 길이의 반과 같다(〈그림 5-39〉와 〈그림 5-40〉 참고).

	A	B	C
1		큰	작은
2		직사각형	직사각형
3	긴 변	1.5	1
4	짧은 변	1	=B3/2

〈그림 5-39〉

	A	B	C
1		큰	작은
2		직사각형	직사각형
3	긴 변	1.5	1
4	짧은 변	1	0.75

〈그림 5-40〉

그 다음에 〈그림 5-41〉과 〈그림 5-42〉처럼 두 직사각형의 긴 변과 짧은 변의 길이의 비를 계산한다.

	A	B	C
1		큰	작은
2		직사각형	직사각형
3	긴 변	1.5	1
4	짧은 변	1	0.75
5	비	=B3/B4	

〈그림 5-41〉

	A	B	C
1		큰	작은
2		직사각형	직사각형
3	긴 변	1.5	1
4	짧은 변	1	0.75
5	비	1.5	=C3/C4

〈그림 5-42〉

〈그림 5-43〉처럼 비의 값을 구한 후에, 여기서 큰 직사각형의 긴 변의 길이를 변화시켜서 두 비가 같아지는 값을 찾는 것이다. 같은 비의 값을 얻기 위해 큰 직사각형의 긴 변에 1.4를 시도하면 〈그림 5-44〉와 같이 나타난다.

	A	B	C
1		큰	작은
2		직사각형	직사각형
3	긴 변	1.5	1
4	짧은 변	1	0.75
5	비	1.5	1.333333

〈그림 5-43〉

	A	B	C
1		큰	작은
2		직사각형	직사각형
3	긴 변	1.4	1
4	짧은 변	1	0.7
5	비	1.4	1.428571

〈그림 5-44〉

두 비는 점점 가까워지고 있다. 이 두 값이 같기를 원하기 때문에 〈그림 5-45〉처럼 식을 입력하고 두 비의 차를 계산한다(〈그림 5-46〉 참조).

	A	B	C
1		큰	작은
2		직사각형	직사각형
3	긴 변	1.4	1
4	짧은 변	1	0.7
5	비	1.4	1.428571
6	차이		=B5-C5

〈그림 5-45〉

	A	B	C
1		큰	작은
2		직사각형	직사각형
3	긴 변	1.4	1
4	짧은 변	1	0.7
5	비	1.4	1.428571
6	차이		-0.02857

〈그림 5-46〉

이제, 차이가 0이 되는 큰 직사각형의 긴 변의 값을 찾아본다. 이러한 활동은 황금분할 문제에서 사용한 방법과 같다. 그러므로 몇 번의 반복을 거쳐 아래와 같이 근사값을 얻을 수 있다(〈그림 5-47〉 참고).

	A	B	C
1		큰	작은
2		직사각형	직사각형
3	긴 변	1.414263	1
4	짧은 변	1	0.707132
5	비	1.414263	1.414164
6	차이		9.89E-05

〈그림 5-47〉

x의 값인 큰 직사각형의 긴 변은 1.414263이다. 이 때, 차이는 9.89×10^{-5}이다. 이 해는 잘 알려진 $\sqrt{2}$처럼 보인다. 해가 명확하지는 않아 보이지만 그것은 단지 $\frac{1}{1000}$보다 작은 차이이다. 이는 실제적인 목표에 충분히 가깝다고 볼 수 있다. 이 값을 지필계산으로 구하기에는 소수 여섯째자리까지 정확히 구하기란 그리 쉽지 않지만, 반복적으로 탐구하여 1.414263까지 구하였고, 이보다 더 계산할 수도 있다.

복사용지의 다른 문제

문제상황 앞의 문제에서 직사각형의 짧은 변과 긴 변의 비를 안다. 이제 이 비를 이용하여, 복사용지 A0의 크기가 정확히 1m^2의 크기를 가진 직사각형이라 할 때, A0의 가로와 세로의 길이를 구하고, A0의 가로, 세로의 길이가 정해지면, A4의 가로, 세로의 길이는 얼마가 되겠는가?

수학적 내용 앞의 문제에서 직사각형의 가로와 세로의 비가 $1:\sqrt{2}$ 라는 것을 알고 있다. 그러므로 한 변의 길이를 구하기 위해 $x:\sqrt{2}x$ 라 두고, A0의 넓이가 1m^2이므로,

$$x \times \sqrt{2}x = 1$$

이다. 이를 계산하면,

$$\sqrt{2}\,x^2 = 1$$

$$x = \frac{1}{\sqrt[4]{2}}$$

이다. A0의 짧은 변은 $\frac{1}{\sqrt[4]{2}}$이고, 긴 변은 $\frac{1}{\sqrt{2}}$이다. A1, A2,

… 역시 같은 방식으로 반복하여 A4를 구할 수 있다. 복사용지는 가로와 세로의 비가 1 : $\sqrt{2}$가 되도록 정하여 종이를 절반으로 자르면 종이의 낭비없이 닮음비를 가진 같은 모양으로 만들 수 있다.

모델에 대한 설명 우리가 복사용지나 사무용지로 가장 많이 사용하고 있는 A4 용지의 규격은 297mm×210mm이다. 여기서 대다수의 사람들은 '왜 수치를 이렇게 복잡하게 정했을까?'하는 의문을 갖게 될 것이다. 생활에서 사용되는 종이는 제지 공장에서 만든 전지를 절반으로 자르고 또다시 절반으로 자르는 과정을 반복하면서 만들어진다. 그런데 이렇게 절반으로 자르다 보면, 처음의 규격과 다른 모양이 될 수 있다. 예를 들어 300mm×200mm와 같이 폭에 대한 길이의 비가 1.5인 종이를 절반으로 자르면, 200mm×150mm 크기로 만들어지고 이때의 비는 1.333($\frac{4}{3}$)이다. 1.333의 비를 가진 직사각형은 1.5의 비를 가진 처음 종이에 비해 뭉툭해 보인다. 이런 종이를 실생활에 필요한 용도로 이용하기 위해서는 일부를 잘라내어 보기 좋은 형태로 만들어야 한다. 그렇게 되면 아까운 종이와 펄프를 낭비하게 된다.

독일 공업규격 위원회(Deutsche Industrie Normen)는 큰 종이를

잘라서 작은 종이를 만드는 과정에서 종이의 낭비를 최소로 줄일 수 있는 종이의 형태와 크기를 제안했다. 이 때, 적절한 규격을 선택한다면, 타자지의 절반을 그대로 편지지로 사용할 수 있고 편지지의 절반을 그대로 메모지로 사용한다면 종이를 많이 절약할 수 있을 것이라고 생각했다. 그래서 등장한 것이 A4용지이다.[2)]

〈그림 5-58〉

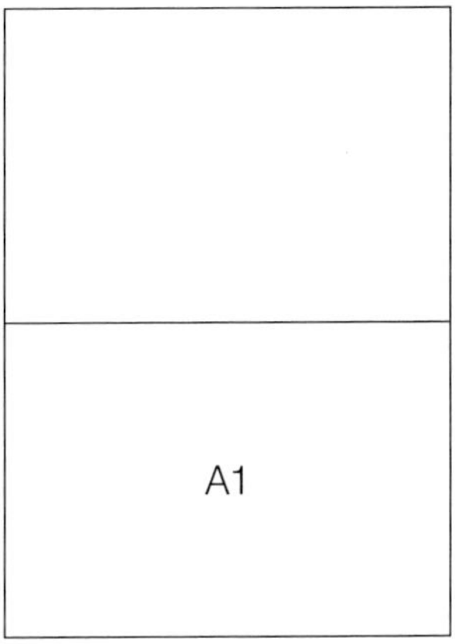

〈그림 5-59〉

그리하여, 넓이가 $1m^2$인 종이로 크기가 1189mm×841mm인 전지라 부르는 A0이고, 전지를 반으로 접어 포갠 후 자르면 두 장의 2절지를 얻는다. 이것을 A1이라고 부른다. 다시 2절지

2) http://user.chollian.net/~k62827/story6.htm,
http://kdaq.empas.com/dbdic/db_view.jsp?ps=src&num=3530516 참고

를 반을 접어서 자르면 2장의 4절지가 나온다. 이렇게 반복하여 전지를 4번 접으면 16절지를 얻을 수 있다. 즉, 16절지는 전지의 $\frac{1}{16}=\frac{1}{2^4}$이다. 그리고 이 16절지가 우리가 보통 부르는 297mm×210mm인 A4 용지인 것이다.

참고로, B4는 일본에서 만들어진 것으로 넓이가 1.5m^2이고 크기가 1456mm×1030mm가 되는 B0에서 얻은 것이다. A0에서 A4를 얻을 수 있는 것처럼 같은 방식으로 B0를 4번 접으면 257mm× 364mm인 B4가 나타난다. B4의 크기 역시 B0의 $\frac{1}{16}=\frac{1}{2^4}$이다.

엑셀로 구현 문제상황에서 짧은 변을 x로, 긴 변을 $\sqrt{2}x$로 대입하여야 하지만, 엑셀에서는 바로 문자를 넣을 수 없으므로, 앞에서 알고 있는 1과 $\sqrt{2}$를 대입한다. 긴 변이 짧은 변의 $\sqrt{2}$배가 되어야 하므로 긴 변에는 '$\sqrt{2}$×짧은 변'을 넣는다. 아래 그림에서 보여지는 스프레드시트 모델을 설정할 수 있다. 직사각형의 넓이를 계산하면, 〈그림 5-62〉에서 보여지는 값을 산출한다.[3)]

---

3) sqrt(2)는 $\sqrt{2}$를 뜻한다.

	A	B	C
1	종이 크기	긴 변	짧은 변
2	A0	=SQRT(2)*C2	1

〈그림 5-60〉

	A	B	C	D
1	종이 크기	긴 변	짧은 변	넓이
2	A0	1.414214	1	=B2*C2

〈그림 5-61〉

	A	B	C	D
1	종이 크기	긴 변	짧은 변	넓이
2	A0	1.414214	1	1.414214

〈그림 5-62〉

짧은 변의 길이를 수정하여 넓이가 $1m^2$의 값을 가지는 값을 찾는다. 그래서 아래 그림에서 보여지는 근사값을 얻을 수 있다.

	A	B	C	D
1	종이 크기	긴 변	짧은 변	넓이
2	A0	1.272792	0.9	1.145513

〈그림 5-63〉

	A	B	C	D
1	종이 크기	긴 변	짧은 변	넓이
2	A0	1.189364	0.841007	1.000263

〈그림 5-64〉

이제 “반으로 접는” 방법을 사용하여 엑셀에 적용하면 아래 그림에서 보여지는 공식으로 종이 크기를 계산할 수 있다. 작은 직사각형은 앞의 큰 직사각형의 짧은 변을 긴 변으로, 긴 변의 절반을 짧은 변으로 사용한다.

	A	B	C	D
1	종이 크기	긴 변	짧은 변	넓이
2	A0	1.189364	0.841007	1.000263
3	A1	=C2		

〈그림 5-65〉

	A	B	C	D
1	종이 크기	긴 변	짧은 변	넓이
2	A0	1.189364	0.841007	1.000263
3	A1	0.841007	=B2/2	

〈그림 5-66〉

계산된 A1의 각 변의 길이를 아래로 복사하면[4] A2, A3, … 등의 짧은 변과 긴 변의 길이를 알 수가 있다.

---

4) 방법 : A1이 들어있는 셀에 클릭을 해서 오른쪽 C3까지 끌면 〈그림 5-67〉과 같이 블록이 설정된다. 그리고 오른쪽 아래의 작은 네모에 마우스를 가져다 대면, 화살표가 십자형으로 변한다. 그 때 클릭을 해서 구하고 싶은 곳까지 마우스를 드래그하면 〈그림 5-68〉과 같이 나타난다.

	A	B	C	D
1	종이 크기	긴 변	짧은 변	넓이
2	A0	1.189364	0.841007	1.000263
3	A1	0.841007	0.594682	

〈그림 5-67〉

	A	B	C	D
1	종이 크기	긴 변	짧은 변	넓이
2	A0	1.189364	0.841007	1.000263
3	A1	0.841007	0.594682	
4	A2	0.594682	0.420504	
5	A3	0.420504	0.297341	
6	A4	0.297341	0.210252	
7	A5	0.210252	0.14867	
8	A6	0.14867	0.105126	
9	A7	0.105126	0.074335	

〈그림 5-68〉

	A	B	C	D
1	종이 크기	긴 변	짧은 변	넓이
2	A0	1.189364	0.841007	1.000263
3	A1	0.841007	0.594682	
4	A2	0.594682	0.420504	
5	A3	0.420504	0.297341	
6	A4	0.297341	0.210252	
7	A5	0.210252	0.14867	
8	A6	0.14867	0.105126	
9	A7	0.105126	0.074335	

〈그림 5-69〉

이 문제에서 구하고자 하는 A0의 크기는 1.189m×0.841m이고, 주로 사용하는 A4의 용지는 긴 변은 0.297m, 짧은 변은 0.210m이다. 이는 주로 297mm×210mm로 표기한다.

현재 실생활에서 자주 쓰이고 있는 복사용지 속에 가로, 세로의 비와 닮음이며 이 속에 황금분할과 황금직사각형과 관련이 있다는 사실을 깨닫는 사람은 별로 없을 것이다. 이러한 것들은 생활 속에 있지만 대부분 존재하고 있다는 사실조차 알지 못하고 지나칠 경우가 많다. 그 만큼 너무 우리 생활과 밀접하기 때문에 공기처럼 잘 느끼지 못하는 것이 아닐까! 이러한 복사용지에 대한 내용은 중학교 수학 9-가의 I. 수와 연산의 단원과 고등학교 수학 I의 4. 수열의 극한의 무한 등비급수에서 주로 언급하고 있다. 중학교 수학 9-가의 I.단원의 도입부에서 복사용지의 체계의 설명이 삽입되어 있거나 단원의 마지막 부분의 수행평가나 수학실험실, 탐구활동 등으로 도입되어 있다. 고등학교 수학 I의 4. 수열의 극한의 무한 등비급수에서는

$$\frac{1}{2}+\frac{1}{4}+\frac{1}{8}+\cdots$$

을 계산하는데 복사용지 A 시리즈를 이용하여 합이 1이라는 것을 보여준다. 물론 정확한 복사용지를 이야기하는 것은 아니지만, A0 복사용지가 넓이가 1이라는 것에서 모티브를 따서 만든 문제로 볼 수 있다.

참고로, 〈그림 5-70〉은 독일에서 만든 A시리즈로서 넓이 $1m^2$인 A0의 크기에서 어떻게 A1, A2, … 의 크기가 나오는지 보여주는 것이고, 〈그림 5-71〉는 일본에서 만든 B시리즈로서 넓이가 $1.5m^2$인 B0의 크기에서 B1, B2, … 의 크기로 나누어

지는 방법을 보여준다.

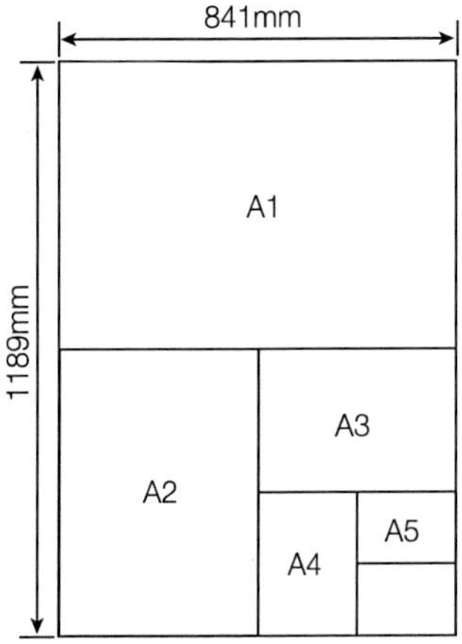

〈그림 5-70〉

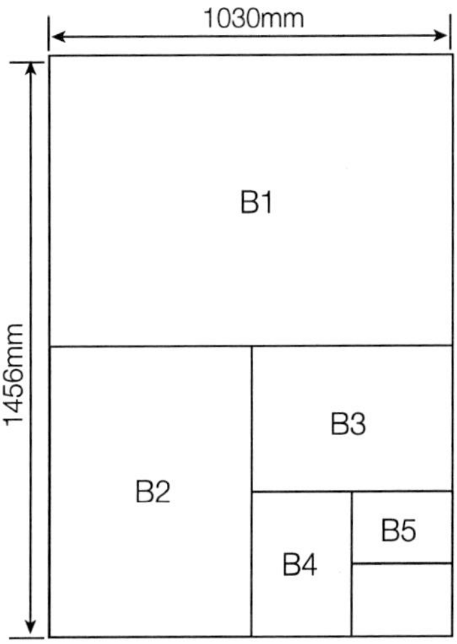

〈그림 5-71〉

_참고문헌

김미자, 임승호, 박미진, 강미자, 이미정, 고영수(2006). 황금비에는 황금이 있다?!. 수학사랑.

김병소(2003), 식물은 알고 있다. 서울: 경문사.

김용운, 김종국 공저(1996), 수학사대전, 서울: 도서출판 우성.

문선영 역(2000). 수학 먹는 달팽이. 아르망 에르스코비치(Armand Herscovici) 저, 서울 : 까치글방.

양영오, 조윤동 옮김(2000), 수학의 역사-상, Carl B. Boyer, Uta C. Merzbach 공저, 서울: 경문사.

이광연(2006). 자연의 수학적 열쇠, 피보나치 수열. 서울 : 프로네시스.

이현경 역(2004). 미의 역사. 서울: 열린책들. Eco, U. Storia della bellezza. RCS Libri S. p. A. – Bompiani, Milan.

임재훈, 이경화, 김진호 외 6명 공저(2002), 고등학교 수학 I, 서울: (주)두산.

한경혜 역(2007). 황금분할. 서울 : 도서출판 이치. Beutelspacher, Albrecht & Petri, Bernhard(1995). Der Goldene Schnitt. Elsevier GmbH, Spektrum Akademischer Verlag, Germany.

VOROB'EV, N. N.(1999). Fibonacci Numbers. 피보나치수. 한국수학교육학회.

_참고 웹사이트

http://100.naver.com/100.nhn?docid=6215

http://100.naver.com/100.nhn?docid=68091

http://blog.daum.net/lpolice1/12918036?nil_profile=tot&srchid=IIMrFSIH00

http://blog.naver.com/anselmona?Redirect=Log&logNo=90032238617

http://blog.naver.com/ezkun78?Redirect=Log&logNo=30029936679

http://blog.naver.com/helmut_lang?Redirect=Log&logNo=150036659052

http://blog.naver.com/isensor.do?Redirect=Log&logNo=20001377144

http://blog.naver.com/jesyis.do?Redirect=Log&logNo=60002150866

http://blog.naver.com/orchisy.do?Redirect=Log&logNo=400540

http://britton.disted.camosun.bc.ca/goldslide/jbgoldslide.htm

http://cafe.daum.net/chacachaca/KNsN/12?docid=1HHNElKNsNl12l20090414000049

http://cafe.naver.com/developeris.cafe?iframe_url=/ArticleRead.nhn%3Farticleid=12048

http://cafe.naver.com/jjexceed.cafe?iframe_url=/ArticleRead.nhn%3Farticleid=556

http://cage.rug.ac.be/~hs/polyhedra/dodeca.html

http://chaos.inje.ac.kr/Alife/fibo_art.htm

http://cont2.edunet4u.net/~mathre/nmath/pvex.htm

http://en.wikipedia.org/wiki/Fibonacci_number

http://en.wikipedia.org/wiki/Penrose_tiling

http://en.wikipedia.org/wiki/Penrose_tiling

http://home.hetnet.nl/~paslen/fit/fibonaccie.html

http://image.search.naver.com/search.naver?where=image&section=image&res_fr=0&res_to=0&merge=0&sort=0&sm=tab_pge&query=%BD%CA%C0%DA%B0%A1&display=30&start=241&site=

http://kdaq.empas.com/dbdic/db_view.jsp?ps=src&num=3530516

http://kin.naver.com/browse/db_detail.php?dir_id=601&docid=10716

http://kin.naver.com/browse/db_detail.php?dir_id=601&docid=52984

http://knot.kaist.ac.kr/~trefiol/hs100/golden/mean.html

http://ko.wikipedia.org/wiki/%EB%A1%9C%EC%A0%80_%ED%8E%9C%EB%A1%9C%EC%A6%88

http://kr.ks.yahoo.com/service/ques_reply/ques_view.html

http://limit.ssu.ac.kr/

http://mathworld.wolfram.com/FibonacciNumber.html

http://milan.milanovic.org/math/english/fibo/fibo2.html

http://mynetian.com/~tianmeng/fibo3.htm

http://opendic.naver.com/100/entry.php?entry_id=38876

http://term.naver.com/print.nhn?dirId=108&docId=16649

http://upload.wikimedia.org/wikipedia/en/6/6b/Mona_Lisa_Golden_Ratio.jpg

http://user.chollian.net/~k62827/story6.htm

http://www.bemath.co.kr/m/dic/m2/2-080.html

http://www.geocities.com/Area51/Shadowlandshttp://www.kassmeridian.com/lecorbusier/lecorbusier6.html

http://www.kofa.or.kr/pds/futuresdata.jsp?mode=download&fseq=88

http://www.kofa.or.kr/pds/futuresdata.jsp?mode=download&fseq=88

http://www.mathlove.org/~semlove/gold/golddef

http://www.mcs.surrey.ac.uk/Personal/R.Knott/Fibonacci/phi2DGeomTrig.html#phi2D

http://www.mscs.dal.ca/Fibonacci/index.html#pub.

http://www.myarchi.com/zboard/view.php?id=06_lec2_21&no=5

_찾아보기

김 진 호

Columbia University 수학교육학 박사
현재 대구교육대학교 수학교육과 교수

김 인 경

한국교원대학교 수학교육학 박사
현재 대구교육대학교 강사

수학의 역사 제1권

피보나치 수열과 황금비

2010년 2월 25일 초 판 발행
2021년 11월 25일 초판2쇄 발행

저 자 / 김진호 · 김인경
발행자 / 오판근
발행처 / 교우사
주 소 / 서울 동대문구 제기2동 148-19
전 화 / 925-2861(代), 편집부 / 925-2825
팩 스 / 925-2860

E-mail / kyowoo @ kyowoo.co.kr
http: // www. kyowoo. co. kr

등록 / 1994. 3. 24 제6-0256호

ISBN 978-89-8172-833-5 (04410)
978-89-8172-832-8 (04410) (세트)

값 15,000원